食品添加剂

饮食百科编委会　编著

中国大百科全书出版社

图书在版编目（CIP）数据

食品添加剂 / 饮食百科编委会编著. -- 北京 : 中国大百科全书出版社，2025. 1. --（饮食百科）.
ISBN 978-7-5202-1838-2

Ⅰ. TS202.3-49

中国国家版本馆 CIP 数据核字第 2025P0A064 号

总 策 划：刘 杭　郭继艳

策划编辑：韩晓玲

责任编辑：韩晓玲

责任校对：梁嬿曦

责任印制：王亚青

出版发行：中国大百科全书出版社有限公司

地　　址：北京市西城区阜成门北大街 17 号

邮政编码：100037

电　　话：010-88390811

网　　址：http://www.ecph.com.cn

印　　刷：唐山富达印务有限公司

开　　本：710mm×1000mm　1/16

印　　张：10

字　　数：100 千字

版　　次：2025 年 1 月第 1 版

印　　次：2025 年 1 月第 1 次印刷

书　　号：ISBN 978-7-5202-1838-2

定　　价：48.00 元

——— 总　序

这是一套面向大众、根植于《中国大百科全书》第三版（以下简称百科三版）的百科通俗读物。

百科全书是概要记述人类一切门类知识或某一门类知识的完备的工具书。它的主要作用是供人们随时查检需要的知识和事实资料，还具有扩大读者知识视野和帮助人们系统求知的教育作用，常被誉为"没有围墙的大学"。简而言之，它是回答问题的书，是扩展知识的书。

中国大百科全书出版社从 1978 年起，陆续编纂出版了《中国大百科全书》第一版、第二版和第三版。这是我国科学文化建设的一项重要基础性、标志性、创新性工程，是在百年未有之大变局和中华民族伟大复兴全局的大背景下，提升我国文化软实力、提高中华文化国际影响力的一项重要举措，具有重大的现实意义和深远的历史意义。

百科三版的编纂工作经国务院立项，得到国家各有关部门、全国科学文化研究机构、学术团体、高等院校的大力支持，专家、学者 5 万余人参与编纂，代表了各学科最高的专业水平。专家、作者和编辑人员殚精竭虑，按照习近平总书记的要求，努力将百科三版建设成有中国特色、有国际影响力的权威知识宝库。截至 2023 年底，百科三版通过网站（www.zgbk.com）发布了 50 余万个网络版条目，并陆续出版了一批纸质版学科卷百科全书，将中国的百科全书事业推向了一个新的高度。

重文修武，耕读传家，是我们中国人悠久的文化传承。作为出版人，我们以传播科学文化知识为己任，希望通过出版更多优秀的出版物来落实总书记的要求——推动文化繁荣、建设中华民族现代文明，努力建设中国式现代化强国。

为了更好地向大众普及科学文化知识，我们从《中国大百科全书》第三版中选取一些条目，通过"人居环境""科学通识""地球知识""工艺美术""动物百科""植物百科""渔猎文明""交通百科"等主题结集成册，精心策划了这套大众版图书。其中每一个主题包含不同数量的分册，不仅保持条目的科学性、知识性、准确性、严谨性，而且具备趣味性、可读性，语言风格和内容深度上更适合非专业读者，希望读者在领略丰富多彩的各领域知识之时，也能了解到书中展示的科学的知识体系。

衷心希望广大读者喜爱这套丛书，并敬请对书中不足之处给予批评指正！

《中国大百科全书》编辑部

"饮食百科"丛书序

　　食物是人类赖以生存和社会赖以发展的首要条件。由农业提供的食物大致可分为植物性食物和动物性食物两大类。植物性食物包括谷物、薯类、豆类、水果、蔬菜、植物油、食糖等；动物性食物包括家畜的肉和奶、家禽的肉和蛋以及鱼类和其他水产品等。按各种食物在膳食结构中的比重和用途，食物还可分为主食和副食以及调味品、零食等。主食和副食在世界不同的地方有不同的含义。在中国大部分地区，主食主要指谷物和薯类，通称粮食；而水果、蔬菜以至肉、奶、蛋等动物性食物则被归入副食一类。

　　人的营养需要，靠摄取不同种类的食物得到满足。谷物中碳水化合物占较大比重（63%～75%），是热量的主要来源；肉、奶、蛋富含蛋白质，来自家畜、家禽和水产品，是目前人类所消费的蛋白质的主要来源；蔬菜和水果是维生素和矿物质的主要来源。零食含有一定的能量和营养素，可以给人们带来一定的精神享受，也可满足特殊人群对某些营养素的需求。调味品能提升菜品味道，增进食欲，满足消费者的感官需要。维生素是一类维持生物正常生命现象所必需的小分子有机物，人与动物体内或者不能合成维生素，或者合成量不足，必须由外界供给。食品添加剂通常不作为食品消费，不是食品的典型成分，也不包括污染物或者为提高食品营养价值而加入食品中的物质，但正确使用食品添加剂对提高食品感官质量和营养价值、防止食品变质、延长食品保存期等具有一定作用。

　　为便于读者全面地了解各类食物，编委会依托《中国大百科全书》第三版作物学、园艺学、畜牧学、渔业、食品科学与工程、化学等学科内容，组织策划了"饮食百科"丛书，编为《谷物》《水果》《蔬菜》《肉奶蛋》《零食》《调味品》《食品添加剂》《维生素》等分册，图文并茂地介绍了各类食物、食品添加剂和维生素等。因受篇幅限制，仅收录了相对常见的类型及种类。

　　希望这套丛书能够让读者更多地了解和认识各类食物、食品添加剂和维生素，起到传播饮食科学知识的作用。

饮食百科丛书编委会

目　录

第 3 章　食品非法添加物　139

第 1 章
食品添加剂

食品添加剂是为改善食品品质和色、香、味，以及为防腐、保鲜和加工工艺的需要而加入食品中的人工合成或者天然物质。通常不作为食品消费，不是食品的典型成分，它不包括污染物或为提高食品营养价值而加入食品中的物质。但在中国，食品营养强化剂属于天然营养素范围的食品添加剂。正确使用食品添加剂对提高食品感官质量和营养价值、防止食品变质、延长食品保存期等具有一定意义。

◆ **发展简况**

人类使用食品添加剂的历史久远。公元前 1500 年的埃及墓碑上就描绘了糖果的着色。葡萄酒也在公元前 4 世纪进行了人工着色。中国传统点制豆腐的凝固剂——盐卤约在东汉就已应用，并沿用至今。用于肉制品防腐和发色的亚硝酸盐约在南宋时就用于腊肉生产，并于 13 世纪传入欧洲。

随着科学技术特别是化学工业技术的进步，人工合成化学品的使用越来越多，化学合成的添加剂逐步取代了天然添加剂。但随着毒理学和分析技术的进步，人们发现有些化学合成的食品添加剂会导致人体慢性中毒。20 世纪 50 ~ 60 年代，陆续发现许多合成色素有致癌作用，乃相继禁用。同时，对某些人工合成的甜味剂、防腐剂等食品添加剂的安全性也有争议。食品添加剂再度转向天然物的开发和应用。

由于食品工业的发展，食品添加剂使用的品种、范围和用量均在迅速增加。国际上许可使用的食品添加剂中香精、香料有 4000～5000 种。除香精、香料外，常用的食品添加剂约有 1000 种。食品添加剂已成为现代食品工业生产中不可缺少的物质，已发展为独立的行业。

◆ 分类

食品添加剂按来源可将其分为天然品和人工合成品两大类。天然品主要从动植物提制，也有一些来自微生物的代谢产物；合成品通过化学合成方法制得。按其用途可分为香精、香料、色素、抗氧化剂、杀菌剂、增稠剂、甜味剂、漂白剂、疏松剂和营养强化剂等。已经进入粮油、肉禽、果蔬加工各个领域，涵盖饮料、调料、酿造、甜食以及各个工业部门，涉及普通百姓的一日三餐。中国《食品添加剂使用卫生标准》将已批准使用的品种按主要功能分成23类。联合国粮农组织/世界卫生组织（FAO/WHO）联合食品添加剂和污染物法典委员会（CCFAC）根据安全评价资料把食品添加剂分成 A、B、C 三类。A 类是 FAO/WHO 联合食品添加剂专家委员会（JECFA）已制定每人每日允许摄入量（ADI 值）和暂定 ADI 值的，B 类是 JECFA 曾进行过安全评价但未建立 ADI 值或未进行过评价的，C 类是 JECFA 认为在食品中使用不安全或应严格控制制作某些食品的特殊使用的。

◆ 作用

食品添加剂的作用主要有以下几个。①增加食品的保藏性。生鲜食品因腐败变质等造成的损失甚大，使用防腐剂和抗氧化剂等可大大减少这种损失。②防止食物中毒。食品腐败变质和氧化腐败后可产生一定毒素，引起食物中毒，加入食品防腐剂可有效防止食物中毒。③改善食品的感官性状。色素、香精、增味剂、食品乳化剂和增稠剂等可使食品具有美好的色、香、味、形态和质地等感官性状。④提高食品的加工效率，适应生产的机械化和连续化。在食品加工中加入澄清剂、助滤剂和消泡剂等加工助剂可提高生产效率和产品质量。⑤保持或提高食品的营养价值。适当添加营养素可保持、提高食品的营养价值。⑥满足其他特殊需要。如糖尿病人限糖，可用甜味剂；某些加工食品在真空包装后为防止水分蒸发需要添加保湿剂等。

◆ **使用原则及管理要求**

食品添加剂的使用应遵守以下原则。①食品添加剂随食品被摄入，直接关系人体健康。为此，全部食品添加剂必须经过适当的毒性试验和卫生评价，并且符合规定的安全、卫生标准。②应有利于食品的生产、加工和储存等过程，在用量较低时即有明显效果且不破坏食品的营养成分。③不得用来掩盖食品的腐败变质或进行伪造、掺假；不能销售和使用受污染或变质的食品添加剂。④专供婴儿的主、辅食品除按规定可加入食品营养强化剂外，不得添加人工甜味剂、色素、香精及其他不适宜的食品添加剂。⑤由两种或两种以上的食品添加剂配合而成的复合添加剂，各单一品种必须符合各相关规定。⑥生产、使用新的食品添加剂或需要扩大使用范围、使用量者，应事先提出卫生评价资料和实际使用依据，逐级审议后经有关部门批准。

对食品添加剂进行安全评价和使用时主要有以下指标。① ADI。在毒理学评价的基础上制定。ADI 指即使人体终身持续摄食也不会对健康有害的摄入量，以每千克体重若干毫克表示。②暂定每人每日允许摄入量（TADI）。有待进一步的工作重新评价而暂时制定的摄入量，在规定期内应保证安全。③ ADI 无须规定（NS）。按正常生产需要，每日从食品中摄取某种物质的总量对健康无害；不需要制定 ADI，或 ADI 不限。④最大使用量（ML）。根据 ADI 值和实际摄入的食品种类分别制定出各种食品含该物质的最高允许量。为安全起见，通常最大使用量略低于最高允许量。⑤按生产需要适量使用。进行正常的食品生产或加工时，所用食品添加剂质量合格且不超过预定完成其作用的数量，常用良好生产规范（GMP）表示。

◆ **标准化和国际化**

国际上最重要的有关食品添加剂的标准化组织是 FAO/WHO 联合食品添加剂专家委员会（JECFA）和 FAO/WHO 食品添加剂和污染物法典委员会（CCFAC）。中国于 1980 年成立全国食品添加剂标准化技术委员会，全面研究并推行食品添加剂的标准化和国际化。① FAO/WHO 联合食品添加剂专家委员会。1955 年成立，1956 年召开第一次会议。此后除 1962 年外每年开会一次。每次视讨论内容分别由 FAO 和 WHO 聘请参加会议的成员。他们以个人身份在科学的基础上评价食品添加剂，确定 ADI 和食品添加剂的特性和纯度规格。会议的结论发表在 FAO 和（或）WHO 的报告中。委员会的评论和推荐是 CCFAC 审议的内容和判定食品添加剂安全性及其他问题的基础。② FAO/WHO 食品添加剂和污染物法典委员会。1962年成立。是食品法典委员会（CAC）下设组织，由有关国家的政府代表和国际组织的代表组成。负责世界范围的食品添加剂标准化工作。1985年中国作为正式会员国加入该委员会。其主要任务是批准或制定各食品添加剂的最大使用量和特定食品中污染物的最大允许量；制定由JECFA优先评价的食品添加剂和污染物名单；审阅JECFA确定的食品添加剂的特性和纯度规格；考虑在食品中的分析测定方法。③全国食品添加剂标准化技术委员会。1980年成立，主要任务是向国家和有关主管部门提出对食品添加剂标准化的方针、政策、技术措施的建议；提出有关食品添加剂标准制定、修订工作的年度计划的建议；根据国家和有关主管部门批准的计划审查食品添加剂国家标准草案，定期复查已经颁发的标准，提出修订、废止执行的建议；调查了解标准执行情况，向主管部门提出督促标准实施的建议；收集国内外资料，进行技术交流，向生产、销售、使用单位和消费者提供技术咨询服务工作和宣传指导。

◆ **发展趋势**

一般来说，天然的食品添加剂比较安全，特别是来自果蔬等食物的传统食品添加剂安全性更高，是今后发展的主要方向。天然食品添加剂成本高、品质不一等缺点正在逐步克服，特别是采用如组织培养、酶工程等现代生物技术，将为天然食品添加剂的生产开辟一个新的领域。此外，由于科学技术发展，人们相继从作为食品添加剂的天然提取物中发现许多具有不同营养、生理功能的物质，如盐藻中的β-胡萝卜素（着色剂，具营养作用）以及从甘草中提制的甘草酸一钾（甜味剂，具抗肝炎作用）等，从而使食品添加剂朝天然、营养、多功能的方向发展。

食品添加剂使用标准

中国食品添加剂使用标准是由国家卫生和计划生育委员会发布的，主要用于规范食品添加剂的生产、使用、监督管理等的食品安全国家标准。

1977 年，中国卫生部、国家标准计量局联合发布《食品添加剂使用卫生标准》。1981 年修订，标准编号改为 GB 2760—1981。1986 年、1996 年和 2007 年修订，标准名称未变。2009 年，《中华人民共和国食品安全法》颁布实施，提出食品安全标准的概念、范畴及相关规定，食品添加剂的管理被纳入食品安全标准范畴。2011 年修订时，标准名称修改为《食品安全国家标准 食品添加剂使用标准》。2014 年，再次修订，于 2014 年 12 月 24 日发布，2015 年 5 月 24 日实施。

◆ **主要内容**

GB 2760—2014《食品安全国家标准 食品添加剂使用标准》包括前言、正文和附录三部分。

前言包括该标准的修订及版本替代情况，现行版本与修订前版本的主要变化。

正文包括范围、术语和定义、食品添加剂的使用原则、食品分类系统、食品添加剂的使用规定、食品用香料、食品工业用加工助剂 7 章。范围部分说明本标准规定了食品添加剂的使用原则、允许使用的食品添加剂品种、使用范围及最大使用量或残留量。术语和定义部分主要包括食品添加剂、最大使用量、最大残留量、食品工业用加工助剂、国际编码系统（INS）和中国编码系统（CNS）等。食品添加剂的使用原则部分，规定了食品添加剂使用时应符合的基本要求，以及在哪些情况下可以使用食品添加剂，食品添加剂应达到的质量标准，以及由于食品原料使用食品添加剂带入最终加工食品中的带入原则等。食品分类系统用于界定食品添加剂的使用范围（附录 E），以食品原料作为主要分类依据介绍了 16 个食品大类包含的主要食品类别。食品添加剂的使用规定部分（附录 A），列出了 336 种食品添加剂的使用规定，包括每种食品添加剂的中文名称、英文名称、国际编码及中国编码等基本信息，其在食品中的功能作用、允许使用的食品类别，以及在相应食品类别中的最大使用量或最大残留量等。食品用香精香料的使用原则部分（附录 B），规定了使用食品用香精香料的目的、使用范围、使用方法、标签标识等内容，并列出了允许使用的香料名单，包括 393 种天然香料和 1477 种合成香料。食品工业用加工助剂的使用原则部分（附录 C），规定了加工助剂使用的基本要求、在食品中的残留量要求和所使用的加工助剂应该符合的产品质量规格标准要求等，并列出了允许使用的加工助剂名单，包括 38 种可在各类食品中使用、无须限定残留量的加工助剂，77 种需要限定功能和使用范围的加工助剂及 54 种酶制剂。

附录包括 6 个。除上面提到的 4 个附录外，附录 F 系附录 A 中食品添加剂使用规定索引，附录 D 食品添加剂功能类别则介绍了常见的 22 种食品添加剂的功能类别。

◆ 地位与作用

《食品添加剂使用标准》的制定以食品添加剂的风险评估结果作为科学依据，贯彻食品安全标准保障公众身体健康的宗旨，同时兼顾食品生产经营者对食品添加剂的生产和使用需求，积极促进食品行业的健康发展。该标准是食品生产经营者生产、使用食品添加剂的依据，也是食品安全监督管理部门对食品添加剂生产经营使用情况进行监管的依据。

FAO/WHO 食品添加剂联合专家委员会

FAO/WHO 食品添加剂联合专家委员会是联合国粮食及农业组织（FAO）与世界卫生组织（WHO）于 1956 年共同组建，由国际相关领域专家组成的独立的科学委员会，简称 JECFA。

JECFA 的主要职能是开展化学物（农药残留除外）的风险评估工作，为联合国粮食及农业组织、世界卫生组织及其成员国，以及食品法典委员会（CAC）提供科学建议，建立食品中化学物风险评估总原则和方法。

FAO/WHO 食品添加剂联合专家委员会在国际食品安全风险评估的国际协调方面发挥重要作用。其评估领域涵盖食品添加剂、化学污染物、天然毒物和兽药残留，具体职责包括：①确定食品添加剂、化学污染物、天然毒物和兽药残留风险评估或安全性评估原则；②进行毒理学评价，制定用于急性或慢性暴露评估的健康指导值；③评估分析方法的准确性和适用性；④制定食品添加剂纯度规格标准，推荐食品和食品添加剂中污染物和天然毒素的最大限量，提出动物靶组织、奶类和蛋类等食品的最大残留限量建议；⑤评估人群膳食食品添加剂的暴露量。

FAO/WHO 食品添加剂联合专家委员会的专家成员，由联合国粮食及农业组织和世界卫生组织分别遴选、推荐，每届任期为 5 年。联合国粮食及农业组织主要负责遴选化学分析方面的专家，制定食品添加剂规格标准，分析食品中兽药残留水平和监测数据的质量；世界卫生组织主要负责遴选毒理学评价相关人员，建立健康指导值，对人群健康风险进行定量评估。此外，联合国粮食及农业组织和世界卫生组织均会邀请暴露评估方面的专家加入 JECFA 专家组。

FAO/WHO 食品添加剂联合专家委员会通常每年举行两次会议，一次会议讨论食品添加剂、污染物、天然毒素，另一次会议讨论兽药残留。确定待评估物质主要依据联合国粮食及农业组织、世界卫生组织及其成员国、相应法典委员会提出的优先评估需求，以及 FAO/WHO 食品添加剂风险评估联合专家委员会前期会议的推荐名单。根据不同主题邀请不同领域的专家参与会议。

截至 2019 年底，FAO/WHO 食品添加剂风险评估联合专家委员会共召开 88 次会议，完成 2600 多种食品添加剂和食用香料、100 多种兽药残留以及 50 多种化学污染物和天然毒素的风险评估，建立急性和慢性暴露风险评估的健康指导值，建立食品添加剂规格标准及分析方法和兽药残留分析方法；推荐靶组织的兽药最大残留限量，推荐食品和食品添加剂中污染物及天然毒物的最高容许量等。每次 FAO/WHO 食品添加剂风险评估联合专家委员会会议的技术报告，均及时发布在联合国粮农组织和世界卫生组织的网站上。

食品添加剂法典委员会

食品添加剂法典委员会是国际食品法典委员会的十个综合主题委员会之一，简称 CCFA。成立于 1963 年。最初的主持国为荷兰。1964 年 5 月在荷兰海牙召开第一次会议。1987 年，在国际食品法典委员会第 17 届大会上更名为食品添加剂和污染物法典委员会（CCFAC）。2006 年，在国际食品法典委员会第 29 届大会上，由于设立了食品污染物法典委员会（CCCF），该会改回原名即食品添加剂法典委员会，中国成为主持国，秘书处设在卫生部。2007 年 4 月在中国北京召开第 39 次会议，中国疾病预防控制中心营养与食品安全所研究员、中国工程院院士陈君石任主席。截至 2023 年，已举办 53 次会议。

食品添加剂法典委员会的职权范围包括：①制定或认可每种食品添加剂可接受的最高使用量；②制定食品添加剂优先列表，供粮农组织/世界卫生组织食品添加剂联合专家委员开展风险评估；③指定每种食品添加剂的功能类别；④推荐食品添加剂的特性和纯度规格；⑤审议测定食品中添加剂的分析方法；⑥审议并制定相关主题的标准或规范，如销售时的食品添加剂标签。

食品添加剂法典委员会制定或修订了《食品添加剂摄入量的初步评估指南》（CAC/GL 3-1989）、《食品添加剂通用法典标准》（CXS 192-1995）、《食品添加剂的分类名称和国际编码系统》（CAC/GL 36-1989）、《香料使用指南》（CAC/GL 66-2008）、《低水分食品卫生规范》（CAC/PCR 75-2015）等重要的指导性文件。

食品添加剂污染

为改善食品品质和色、香、味以及为防腐和加工工艺的需要而加入食品中的化学合成或者天然物质所引起的污染。

◆ 食品添加剂的使用原则

《食品安全国家标准 食品添加剂使用标准》（GB 2760—2014）规定食品添加剂使用时应符合以下基本要求：①不应对人体产生任何健康危害。②不应掩盖食品腐败变质。③不应掩盖食品本身或加工过程中的质量缺陷或以掺杂、掺假、伪造为目的而使用食品添加剂。④不应降低食品本身的营养价值。⑤在达到预期日的前提下尽可能降低其在食品中的使用量。

在下列情况下可使用食品添加剂：①保持或提高食品本身的营养价值。②作为某些特殊膳食用食品的必要配料或成分。③提高食品的质量和稳定性，改进其感官特性。④便于食品的生产、加工、包装、运输或者贮藏。

◆ 污染来源

①违禁使用非法添加物。比如在猪肉中加入瘦肉精，在奶粉中加入三聚氰胺，在辣椒中加入苏丹红等等。②超范围使用食品添加剂。柠檬黄是一种允许使用的食品添加剂，可以在膨化食品、冰激凌、果汁饮料等食品中使用，但不允许在馒头中使用。③超量使用食品添加剂。诸如

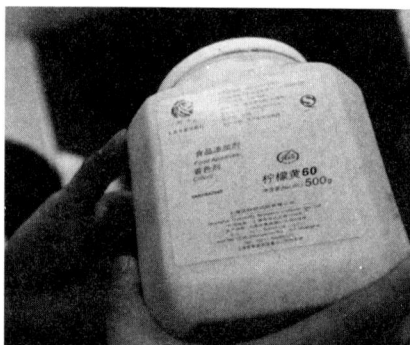

给馒头染色的着色剂——柠檬黄

一滴香、防腐剂、膨大剂等等，这些都是允许加入食品当中的，但是使用这些食品添加剂有严格的用量控制，过量的添加剂会给人们的身体带来伤害。④标识不符合规定。不正确或不真实地标识食品添加剂，以"不添加"误导和欺骗消费者，严重侵犯了消费者的知情权，违反了《食品安全法》《预包装食品标签通则》等法律法规的规定。

◆ **对人体的危害**

如果滥用食品添加剂，不仅不能达到更好的效果，反而会对人类的健康造成严重的影响，甚至会危及人的生命安全。摄入过量的色素会造成人体毒素沉积，对神经系统、消化系统等都会造成伤害。以食品染色剂为例，如柠檬黄，这是一种黄色工业原料颜料，食用后会引起过敏、肠胃刺激，会长期潜伏，甚至还可能导致癌症。

第 2 章

食品添加剂种类

食品防腐剂

食品防腐剂能防止由微生物引起的腐败变质，延长食品保藏期。因兼有防止微生物繁殖引起食物中毒的作用，又称抗微生物剂。

食盐、糖、醋、香辛料等虽也有防腐作用，但在正常情况下对人体无害，通常不归入食品添加剂而算作调味料。

食品防腐剂按作用分为杀菌剂和抑菌剂。按性质可分为有机化学防腐剂、无机化学防腐剂和经微生物发酵制成的防腐剂。①有机化学防腐剂。主要包括苯甲酸及其盐类、山梨酸及其盐类、丙酸及其盐类等。苯甲酸及其盐类、山梨酸及其盐类等均通过未离解的分子起抗菌作用，故称酸性防腐剂。它们对霉菌、酵母及细菌都有一定的抑制能力，常用于果汁、饮料、罐头、酱油、醋等的防腐。丙酸及其盐类对抑制使面包生成丝状黏质的细菌特别有效，且安全性高，被广泛用于面包、糕点等的防霉。②无机化学防腐剂。主要包括二氧化硫、亚硫酸盐及亚硝酸盐等。亚硝酸盐能抑制肉毒梭状芽孢杆菌，防止肉毒中毒，但主要作为发色剂用。亚硫酸盐可抑制某些微生物活动所需的酶，并具有酸性防腐剂的特性，但主要作为漂白剂用。③经微生物发酵制成的防腐剂。如乳酸链球菌素是由乳酸链球菌产生的含 34 个氨基酸的多肽，安全性高，能抑制或杀死革兰氏阳性菌，降低食品灭菌的温度和缩短灭菌时间，使食品较好地保持原有的成分、色泽、风味和延长储存时间。

世界各国所用的食品防腐剂约 50 种，中国许可使用的防腐剂（不包括亚硫酸盐及亚硝酸盐）有 35 种。

苯甲酸钠

苯甲酸钠是苯甲酸的钠盐。又称安息香酸钠。

分子式 C_6H_5COONa，相对分子质量 144.1。多为白色颗粒，无臭或微带安息香气味，味微甜，有收敛性，易溶于水（常温下溶解度约为 53.0 克 /100 毫升）、乙醇、甘油和甲醇，密度为 1.44 克 / 厘米 ^{3}，熔点 122.4℃，沸点 249.3℃（101.325 千帕大气压下），折射率为 1.504。

苯甲酸钠是中国食品行业常用的广谱防腐剂，天然存在于蓝莓、苹果、李子、小红莓、蔓越莓、梅干、肉桂和丁香中。在酸性环境（pH2.5～4.0）中，对酵母菌、霉菌及部分细菌有明显抑制作用。其防腐机理是亲油性较强的苯甲酸钠进入细胞膜内，干扰微生物细胞膜的通透性，进而抑制细胞膜对氨基酸的吸收；苯甲酸可酸化细胞内的碱储，抑制细胞呼吸酶系的活性，进而阻止乙酰辅酶 A 进行缩合反应。

苯甲酸钠在正常用量范围内对人体无毒害作用，是较安全的防腐剂。被机体摄入后，通过生物转化作用，与甘氨酸结合成为尿酸，或与葡萄糖醛酸结合成葡萄糖苷酸，最终以尿液形式排出体外，不在体内蓄积。

联合国粮食及农业组织 / 世界卫生组织规定人体每日最大允许摄入量为 5 毫克 / 千克体重（以苯甲酸计）。GB 2760—2014《食品安全国家标准 食品添加剂使用标准》规定苯甲酸钠可应用的食品及最大使用量（克 / 千克，以苯甲酸计）如下：风味冰、冰棍类（1.0），果酱（罐头除外，1.0），蜜饯凉果（0.5），腌渍的蔬菜（1.0），胶基糖果（1.5），除胶基糖果以外的其他糖果（0.8），调味糖浆、醋、酱油、酱及酱制品（1.0），浓缩果蔬汁（浆）（仅限食品工业用，2.0），复合调味料（0.6），半固体复合调味料、液体复合调味料（1.0），果蔬汁（浆）类饮料、蛋白饮料、茶、咖啡、植物（类）饮料（1.0），碳酸饮料、特殊用途饮料（0.2），配制酒（0.4），果酒（0.8）。

山梨酸钾

山梨酸钾由山梨酸与碳酸钾或氢氧化钾反应制得。

化学名称为 2,4- 己二烯酸钾，分子式为 $C_6H_7KO_2$，相对分子质量为 150.22。

山梨酸钾是白色或类白色颗粒或粉末，无臭或稍有臭味，易吸潮。在空气中不稳定，易氧化而变褐色。对光、热稳定，约 270℃ 时熔化分解。易溶于水，微溶于乙醇。可抑制霉菌、酵母菌和好氧细菌的活性，可防止肉毒杆菌、葡萄球菌、沙门氏菌等有害微生物的生长和繁殖，但对厌氧性芽孢杆菌与嗜酸乳杆菌等有益微生物几乎无效。抑制微生物的繁殖作用比杀菌作用更强，可有效延长食品的保藏时间，并使食品保持原有的风味。故常用作食品防腐剂。

山梨酸钾毒性极低，基本无异味，对食品原本的风味无任何不良影响。与山梨酸相比，山梨酸钾水溶性较大，使用方便。山梨酸钾是联合国粮食及农业组织 / 世界卫生组织推荐的高效安全的防腐保鲜剂，广泛应用于食品、烟草、农药、化妆品等行业。根据 GB 2760—2014《食品安全国家标准 食品添加剂使用标准》规定，山梨酸钾可作为食品防腐剂用于干酪、再制干酪、风味冰、冰棍类、经表面处理的鲜水果、蜜饯凉果、经表面处理的新鲜蔬菜、腌渍的蔬菜、加工食用菌和藻类、豆干再制品等食品中。山梨酸钾是一种不饱和脂肪酸盐，可被人体的代谢系统吸收而迅速分解为二氧化碳和水，在体内无残留，安全性较高。每日允许摄入量为 25 毫克 / 千克体重。

丙酸钠

丙酸钠是由丙酸经氢氧化钠中和制得的食品防腐剂。

分子式为 CH_3CH_2COONa，相对分子质量为 96.06。丙酸钠为无色透明结晶或颗粒状结晶粉末，略有特殊气味，在湿空气中易潮解，易溶于水，溶于乙醇，微溶于丙酮，熔点为 285 ～ 286℃。具有防腐作用的实际上是未解离的丙酸，所以丙酸钠应在酸性环境内使用。其抑菌作用受环境 pH 的影响：在 pH5.0 时抑菌浓度为 0.01%，pH6.5 时抑菌浓度为 0.5%。在酸性介质中，丙酸钠对各类霉菌、好氧芽孢杆菌或革兰阴性杆菌有较强的抑制作用，对防止黄曲霉毒素的产生有特效，但对酵母几乎无效。丙酸钠的抑菌机理与丙酸相同：丙酸可在霉菌细胞外形成高渗透压，使霉菌细胞内脱水，失去繁殖能力，还可穿透霉菌细胞壁，抑制细胞内的活性。

根据 GB 2760—2014《食品安全国家标准 食品添加剂使用标准》，丙酸钠可用于生湿面制品（如面条、饺子皮、馄饨皮、烧卖皮），最大使用量 0.25 克 / 千克（以丙酸计，下同）；可用于原粮，最大使用量为 1.8 克 / 千克；可用于豆类制品、面包、糕点、醋、酱油，最大使用量为 2.5 克 / 千克；可用于杨梅罐头加工，最大使用量为 50 克 / 千克。丙酸钠还可用于皮肤病、结膜炎、伤口感染的防治等。丙酸钠对人体几乎无毒性，故对其每日允许摄入量不做规定。美国食品药品监督局将其认定为一般安全物质。

丙酸钙

丙酸钙通常由丙酸与氢氧化钙或碳酸钙反应制得。

化学式为 $(CH_3CH_2COO)_2Ca$，相对分子质量为 186.22。丙酸钙为白色轻质鳞片状结晶颗粒或粉末，无臭、无味或略带异味，有吸湿性，易溶于水，微溶于甲醇、乙醇，不溶于苯及丙酮。丙酸钙是酸性食品防腐剂，在酸性条件下产生游离丙酸，具有抗菌作用；在酸性介质（淀粉、含蛋白质和油脂物质）中对各类霉菌、革兰氏阴性杆菌或好氧芽孢杆菌有较强的抑制作用，还可抑制黄曲霉毒素的产生。对酵母菌无影响，对人畜无害，无毒且无副作用。

丙酸钙被广泛用作食品、饲料的防腐剂。丙酸钙抑制霉菌的能力强于丙酸钠，但钙盐影响化学膨松剂作用，故较少用于烘焙食品。丙酸钙是联合国粮食及农业组织 / 世界卫生组织批准使用的食品防腐剂，在中国的使用范围与丙酸及丙酸钠一致。根据 GB 2760—2014《食品安全国家标准 食品添加剂使用标准》，丙酸钙可用于生湿面制品（如面条、饺子皮、馄饨皮、烧卖皮），最大使用量 0.25 克 / 千克（以丙酸计，下同）；可用于原粮，最大使用量为 1.8 克 / 千克；可用于豆类制品、面包、糕点、醋、酱油，最大使用量为 2.5 克 / 千克；可用于杨梅罐头加工工艺，最大使用量为 50 克 / 千克。

乙二胺四乙酸二钠

乙二胺四乙酸二钠可用作稳定剂、防腐剂、抗氧化剂与螯合剂等食品添加剂。又称 EDTA-2Na、依地酸二钠。

分子式为 $C_{10}H_{14}N_2Na_2O_8 \cdot 2H_2O$，相对分子量 372.24。熔点为 237～245℃，沸点 614.2℃（760 毫米汞柱下），闪点 325.2℃。是一种螯合金属元素有机配位体，几乎能与所有的金属离子形成稳定的螯合物。为白色结晶状粉末，能溶于水，几乎不溶于乙醇、乙醚。其水溶液 pH 约为 5.3。可应用于食品中作为稳定剂、稳固剂、抗氧化剂及防腐剂。GB 2760—2014《食品安全国家标准 食品添加剂使用标准》规定了所应用的食品名称及最大使用量，应按标准使用。

食品抗氧化剂

食品抗氧化剂是用于阻止或延迟食品氧化，提高食品质量的稳定性和延长贮存期的食品添加剂。食品在贮藏过程中除受微生物作用发生腐烂变质外，与空气中的氧发生化学变化也可出现褪色、变色，产生异味异臭的现象，使食品质量下降，直至不能食用。这种现象在含油脂多的食品中尤其严重，通常称为油脂的"酸败"。此外，肉类食品的变色，蔬菜、水果的褐变，啤酒的异臭和变色均与氧化有关。防止和减缓食品氧化可采取避光、降温、干燥、排气、充氮、密封等物理性措施，但添加抗氧化剂是一种简单、经济又理想的方法。虽然具有抗氧化作用的物质较多，但可作为食品抗氧化剂的较少。可用于食品的抗氧化剂应具备以下条件：具有优良的抗氧化效果；本身及分解产物都无毒、无害；稳定性好，与食品可以共存，对食品的感官性质（包括色、香、味等）没有影响；使用方便，价格便宜。

食品抗氧化剂按其来源可分为合成抗氧化剂和天然抗氧化剂。合成抗氧化剂通过化学反应制得，如丁基羟基茴香醚、二丁基羟基甲苯和没食子酸丙酯等；天然抗氧化剂主要来源于植物和微生物的代谢产物，如茶多酚、植酸等。抗氧化剂按其溶解性可分为油溶性、水溶性和兼溶性3类：油溶性抗氧化剂有丁基羟基茴香醚、二丁基羟基甲苯等，水溶性抗氧化剂有异抗坏血酸、茶多酚等，兼溶性抗氧化剂有抗坏血酸棕榈酸酯等。

食品抗氧化作用的机理比较复杂，存在多种机制。部分抗氧化剂本身极易被氧化，优先与氧反应消耗食品体系中的氧，从而保护食品免受氧化，如维生素E、抗坏血酸、抗坏血酸棕榈酸酯、异抗坏血酸及其钠盐以及可猝灭单重态氧的β-胡萝卜素等；部分抗氧化剂是自由基吸收剂，可放出氢离子将油脂在自动氧化过程中所产生的过氧化物还原，使其不能形成醛或酮的产物，如硫代二丙酸二月桂酯等；部分抗氧化剂可与其所产生的过氧化物结合，形成氢过氧化物，使油脂氧化过程中断，从而阻止氧化过程的进行，而本身则形成抗氧化剂自由基，并且抗氧化剂自由基可形成稳定的二聚体，或与过氧化自由基结合形成稳定的化合物，如丁基羟基茴香醚、二丁基羟基甲苯等。某些过渡金属元素如铜、铁等可以引发脂质氧化，从而加快脂类氧化的速率，因此，能与金属离子形成稳定螯合物的物质也可作为抗氧化剂，如乙二胺四乙酸二钠、乙二胺四乙酸（EDTA）、磷酸衍生物和植酸等。还有些抗氧化剂可阻止或减弱氧化酶类的活动，从而抑制氧化反应的发生。因此，按照抗氧化机理又可将食品抗氧化剂分为氧清除剂、自由基吸收剂、金属离子螯合剂、过氧化物分解剂、酶抑制剂、紫外线吸收剂等。此外，有些物质本身没有抗氧化功能，但与抗氧化剂共同作用时可增强抗氧化效果，这类物质称为增效剂。

抗氧化剂种类较多，其化学结构和理化性质各异，不同的食品也具有不同的性质，因此，使用方法应视抗氧化剂的种类、应用的对象及目的等不同而异。在使用时必须充分了解抗氧化剂的性能，正确掌握抗氧化剂的添加时机，适当进行抗氧化剂和增效剂的复配使用，选择合适的添加量并控制影响抗氧化剂作用效果的因素。

茶多酚

茶多酚是茶叶中多酚类物质的总称，占茶叶干重的 15% ～ 30%。茶多酚包括黄烷醇类、花色苷类、黄酮类、黄酮醇类和酚酸类等，主要成分为黄烷醇（儿茶素）类，占茶多酚总量的 60% ~ 80%。儿茶素类化合物主要包括表儿茶素（EC）、表没食子儿茶素（EGC）、表儿茶素没食子酸酯（ECG）和表没食子儿茶素没食子酸酯（EGCG）4 种物质。茶多酚是形成茶叶色香味的主要成分之一，也是茶叶中有保健功能的主要成分之一。从茶叶中提取的茶多酚抗氧化剂为白褐色粉末，易溶于水、甲醇、乙醇、醋酸乙酯、冰醋酸等。研究表明，茶多酚具有较强的抗氧化作用，酯型儿茶素 EGCG 的还原性为异坏血酸的 100 倍，0.01% ~ 0.03% 时即可起作用。茶多酚还具有抑菌、防治心血管疾病、降血脂、预防肝脏及冠状动脉粥样硬化、抗癌等作用。茶多酚还可吸附食品中的异味，具有一定的除臭作用。此外，茶多酚对食品中的色素具有保护作用，可防止食品褪色。茶多酚还可抑制亚硝酸盐的形成和积累，可用于糕点、畜肉制品加工和食用油贮藏等。茶多酚无化学合成物的潜在毒副作用，安全性高。1989 年，茶多酚被中国食品添加剂协会列入食品抗氧化剂，1997 年被列为中成药原料。GB 2760—2014《食品安全国家标准 食品添加剂使用标准》规定，茶多酚可用于基本不含水的脂肪和油、糕点、焙烤食品馅料及表面用挂浆（仅限含油脂馅料）和腌腊肉制品类，最大使用量为 0.4 克 / 千克（以油脂中儿茶素计）；可用于酱卤肉制品类和熏、烧、烤肉类，最大使用量为 0.3 克 / 千克（以油脂中儿茶素计）；可用于熟制坚果与籽类（仅限油炸坚果与籽类），油炸面制品，即食谷物，包括碾轧燕麦（片）和方便米面制品，最大使用量为 0.2 克 / 千克。茶多酚无化学合成物的潜在毒副作用，安全性高。

丁基羟基茴香醚

丁基羟基茴香醚是对羟基茴香醚或对苯二酚与叔丁醇反应生成的食品添加剂。又称叔丁基 -4- 羟基茴香醚。

分子式为 $C_{11}H_{16}O_2$，相对分子质量 180.24。有 3-BHA 和 2-BHA 两种同分异构体。丁基羟基茴香醚为白色或微黄色结晶，具有轻微特

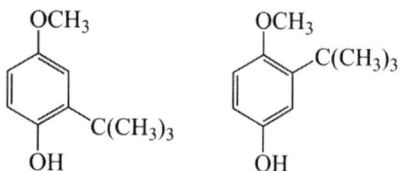

丁基羟基茴香醚的结构式

征性气味。熔点 69.5 ～ 71.5℃，沸点 265℃。易溶于乙醇、丙二醇和油脂，不溶于水。热稳定性强，在弱碱条件下不易被破坏，与金属离子作用不着色。

丁基羟基茴香醚的共轭芳香环可与自由基发生反应，稳定并消除自由基，从而起脱氧作用，有效减少氧化反应的发生。作为脂溶性抗氧化剂，适用于油脂和富脂食品的抗氧化。热稳定性强，可在油煎或焙烤加工中使用。在富含油脂食品中，以油脂中的含量计，丁基羟基茴香醚的添加限量为 0.2 克 / 千克；胶基糖果中添加限量为 0.4 克 / 千克。3-BHA 的抗氧化效果比 2-BHA 强 1.5 ～ 2 倍，二者混用有增效作用。以油脂中的含量计，用量 0.2 克 / 千克比用量 0.1 克 / 千克抗氧化效果增强 10 倍，但用量超过 0.2 克 / 千克，效果反而下降。

丁基羟基茴香醚的每日允许摄入量为 0 ～ 0.5 毫克 / 千克体重（国际粮农组织及世界卫生组织，1996），一般认为丁基羟基茴香醚作为一种食品添加剂是较为安全的。但部分动物实验表明，食物中加入高剂量

丁基羟基茴香醚可使大鼠和叙利亚地鼠患前胃处的乳头状瘤和鳞状细胞癌；不过丁基羟基茴香醚并未显示出对小鼠的致癌性，甚至在一些其他动物实验中呈现对其他化学物质的致癌性的抑制作用。因此对于丁基羟基茴香醚的毒性仍存在争议。

二丁基羟基甲苯

二丁基羟基甲苯以对甲酚、异丁醇为原料，以浓硫酸为催化剂，氧化铝作为脱水剂，经过反应生成的食品添加剂。又称 2,6- 二叔丁基对甲酚。

分子式为 $C_{15}H_{24}O$，相对分子质量 220.36。为白色结晶或结晶性粉末。基本无臭，无味。熔点 69.5 ～ 71.5℃，沸点 265℃。不溶于水和稀碱，溶于苯、甲苯、乙醇、汽油及食物油。

二丁基羟基甲苯能够与自动氧化中的链增长自由基反应，消灭自由基，从而使链式反应中断；在抗氧化过程中既可以作为氢的供体，也可作为自由基俘获剂。由于 2,6 位上有两个强力供电子基团，故具有很强的抗氧化效果。

二丁基羟基甲苯是国内外广泛使用的油溶性抗氧化剂。1947 年被授予专利，1954 年获得美国食品药品监督管理局（FDA）认可用作食品添加剂延缓食品酸败。但出于对二丁基羟基甲苯作为食品添加剂的安全性考虑，在日本、罗马尼亚、瑞典和澳大利亚等地，二丁基羟基甲苯都被禁止添加于食物中。GB 2760—2014《食品安全国家标准 食品添加剂使用标准》规定二丁基羟基甲苯可适量添加于脂肪、油和乳化脂肪制品、基本不含水的脂肪和油、干制蔬菜、熟制坚果与籽类、坚果与籽类罐头、胶基糖果、油炸面制品、即食谷物、方便米面制品、饼干、腌腊肉制品、水产品、膨化食品类食品中，最大使用量为 0.4 克 / 千克。

没食子酸丙酯

没食子酸丙酯是由没食子酸与正丙醇在酸性脱水剂的条件下，加热酯化而制得的。又称棓酸丙酯。分子式为 $C_{10}H_{12}O_5$，相对分子质量212.20。呈白色至淡黄褐色结晶性粉末或乳白色针状结晶，无臭，稍具苦味，水溶液无味且易溶于醇和醚，微溶于水。熔点为 146 ～ 150℃。遇铜、铁等金属离子发生呈色反应，变为紫色或暗绿色。有吸湿性，见光易分解，耐高温性差。

没食子酸丙酯作用于油脂自动氧化产生的游离基，形成稳定、低能量的抗氧化剂游离基，从而使油脂的氧化反应停止。属天然性食品抗氧化剂，是经联合国粮农组织（FAO）和世界卫生组织（WHO）批准使用的食品抗氧化剂之一。没食子酸丙酯作为一种常见的油溶性抗氧化剂已广泛应用于食品行业。但由于其对热较敏感，温度到达熔点即分解，故不宜用于焙烤。没食子酸丙酯有与铜、铁等金属离子反应变色的特性，使用时应避免使用铜、铁等金属容器。GB 2760—2011《食品添加剂使用卫生标准》规定，没食子酸丙酯可用于食品油脂、饲料、油炸食品、干鱼制品、饼干、方便面、速煮米、果仁罐头、腌腊肉制品，最大使用量为 0.1 克 / 千克（以油脂中的含量计）。常利用其与硝酸铋定量反应生成没食子酸铋盐的原理测定其含量。

特丁基对苯二酚

特丁基对苯二酚是以对苯二酚为原料，经烷基化反应生成的食品添加剂。简称 TBHQ。

分子式为 $C_{10}H_{14}O_2$，相对分子质量 166.22。特丁基对苯二酚呈白色结晶性粉末，具有一种特殊气味，易溶于乙醇、乙酸乙酯、异丙醇、乙醚及油脂等，几乎不溶于水（25℃溶解度＜1%；95℃溶解度5%）。沸点 276.281℃（760 毫米汞柱），熔点 125～130℃。是一种酚类油溶性抗氧化剂。其抗氧化机理主要是通过抽氢反应产生较稳定的苯氧自由基来终止自由基产生的链式反应。抗氧化效果优于同属于酚类的其他抗氧化剂，如 2,6- 二叔丁基对甲酚、丁基羟基茴香醚、没食子酸丙酯和维生素 E 等。特丁基对苯二酚对含油脂类食品有一定的防腐作用，可有效抑制枯草芽孢杆菌、金黄色葡萄球菌、大肠杆菌、产气短杆菌等细菌及黑曲菌、杂色曲霉、黄曲霉等微生物生长。由于特丁基对苯二酚具有高效、安全等优点，自 1972 年被美国食品药品监督管理局（FDA）批准用作抗氧化剂以来，在食品和饲料工业已得到广泛应用。GB 2760—2014《食品安全国家标准 食品添加剂使用标准》规定，特丁基对苯二酚作为抗氧化剂在食品中的最大使用量为 0.2 克 / 千克（以油脂中的含量计算）。可用于含脂肪和油脂食品，如坚果类，油炸面制品，月饼，饼干，烘焙食品馅料及表面用挂浆，腌腊肉制品类，水产品类及膨化食品等。

抗坏血酸棕榈酸酯

抗坏血酸棕榈酸酯是用棕榈酸与氯化亚砜反应制取棕榈酰氯后与抗坏血酸反应制得的食品添加剂。

化学名称为抗坏血酸十六酸酯，分子式为 $C_{22}H_{38}O_7$。白色或者黄色粉末状，具有橘香味，熔点 178.1℃，沸点 546.2℃。脂溶性，难溶于水。为抗坏血酸的脂肪酸酯衍生物，与抗坏血酸比较，其脂溶性、抗氧化能力均有显著提高，且具有抗肿瘤等功效。抗坏血酸棕榈酸酯作为脂溶性、多功能、无害无毒食品抗氧化剂，已被很多国家批准添加到食品中。在美国其被认为是具备安全性的抗氧化剂，批准使用于食品中且无剂量限制。抗坏血酸棕榈酸酯也得到联合国粮农组织及世界卫生组织的批准使用，规定使用剂量为 1.25 克 / 千克体重。GB 2760—2014《食品安全国家标准 食品添加剂使用标准》规定抗坏血酸棕榈酸酯作为抗氧化剂在一般食品中的最大使用量为 0.2 克 / 千克，在婴幼儿食品中最大使用量 0.05 克 / 千克（以脂肪中抗坏血酸的含量计算）。允许添加的食品有乳粉，包括加糖乳粉）和奶油粉及其调制产品、油脂等脂肪制品、即食谷物包括碾轧燕麦（片）、方便米面制品、面包、婴幼儿配方食品级辅助食品。食品工业中检测食品中抗坏血酸棕榈酸酯的主要方法有碘量法和高效液相色谱法（HPLC）。

D- 异抗坏血酸

D- 异抗坏血酸是以葡萄糖为原料，经发酵制得 2- 酮基 -D- 葡萄糖酸，再经酯化、转化、酸化、精制等步骤生产的食品添加剂。化学名

称为 D-2,3,5,6- 四羟基 -2- 己烯酸 -γ- 内酯，分子式 $C_6H_8O_6$。呈白色
至浅黄色粉末状，无臭、有酸味，熔点 166～172℃。易溶于水，常温
下溶解度为 10 克 /100 毫升。溶于乙醇，5 克 /100 毫升。难溶于甘油，
不溶于苯。1% 水溶液的 pH 为 2.8。D- 异抗坏血酸是抗坏血酸的一种
立体异构体，化学性质与抗坏血酸相似。干燥状态下在空气中稳定，在
溶液中接触空气则迅速发生氧化。在食品中用作抗氧化剂，抗氧化性能
优于抗坏血酸且价格便宜。D- 异抗坏血酸的结构虽与抗坏血酸（维生
素 C）相似，但在人体内无强化维生素 C 作用，不会阻碍人体对维生素
C 的吸收和利用。GB 2760—2014《食品安全国家标准 食品添加剂使用
标准》明确规定，D- 异抗坏血酸及其钠盐作为抗氧化剂及护色剂可添
加的食品种类有浓缩果蔬汁（浆）和葡萄酒。在浓缩果蔬汁（浆）中最
大使用量没有具体要求，按生产需要适量使用；在葡萄酒中最大使用量
为 0.15 克 / 千克（以抗坏血酸含量计算）。D- 异抗坏血酸在自然界的
分布尚无报道，市场销售的 D- 异抗坏血酸均为人工合成。其合成方法
主要有酶法、基因工程法、间接发酵法和直接发酵法。

D- 异抗坏血酸钠

　　D- 异抗坏血酸钠是以葡萄糖为原料经发酵、酯化、转化、精制制
得的食品添加剂。又称赤藻糖酸钠、异维生素 C 钠。化学名称为 D-2,3,5,6-
四羟基 -2- 己烯酸 -γ- 内酯酸盐，分子式为 $C_6H_7NaO_6·H_2O$。熔点
154～164℃。为白色至黄白色晶体颗粒或粉末，无臭，无味。在干燥
状态下暴露在空气中稳定，但在水溶液中遇空气、金属、热、光则发生

氧化。易溶与水，常温下溶解度为 16 克 /100 毫升。几乎不溶于乙醇。1%
水溶液的 pH 为 6.5 ～ 8.0。为食品行业中重要的抗氧保鲜剂，可保持
食品的色泽和自然风味，延长保质期，且无任何毒副作用。GB 2760—
2014《食品安全国家标准 食品添加剂使用标准》规定，D- 异抗坏血酸
钠作为抗氧化剂及护色剂可添加的食品种类有浓缩果蔬汁（浆）、葡萄
酒。在浓缩果蔬汁（浆）中最大使用量没有具体要求，按生产需要适量
使用。在葡萄酒中最大使用量为 0.15 克 / 千克（以抗坏血酸含量计算）。

食品着色剂

食品着色剂是给食品着色、改善食品色泽的食品添加剂。又称食品
色素。

优良的色泽是吸引消费者的关键因素。天然食物一般都有悦目的色
泽，但是这些色泽在食物加工过程中会因光、热、氧气以及化学反应等
因素的影响出现变色或褪色现象，使得食品感官品质下降。因此，在食
品加工过程中，通常采用食品着色剂进行人工着色以维持和改善食品色
泽。食品着色剂中通常含有生色基团，如碳碳双键、羰基、醛基、羧基、
偶氮基、亚硝基等和助色基团，如羟基、氨基等。

食品着色剂根据来源可分为食品天然着色剂和食品合成着色剂两大
类。①食品天然着色剂。又称食用天然色素。是指从自然界动物、植物
或微生物中提取并经精制得到的色素，包括虫胶色素、红花黄色素、甜
菜红、辣椒红素、红曲米、姜黄、β- 胡萝卜素等。天然着色剂具有安

全性较高、着色色调自然等优点，且食用天然着色剂大多数为花青素类、黄酮类、类胡萝卜素类化合物，不但具有着色作用，还具有对人体有益的生物活性。但天然色素一般成本高、产品质量不均匀、着色力弱、稳定性差、易变质、难以调出任意色调，有的还有异味。②食品合成着色剂。又称食品合成色素。用人工合成方法制成。根据其化学结构不同又可分为两大类，即偶氮类着色剂和非偶氮类着色剂。部分偶氮类着色剂为油溶性物质，不溶于水，进入人体后不易排出体外，毒性较大，基本不允许使用。世界各国现阶段使用的合成着色剂大部分是毒性较低的水溶性偶氮类着色剂（如苋菜红、胭脂红、新红、柠檬黄、日落黄等）和水溶性非偶氮类着色剂（如亮蓝、靛蓝等），还包括它们各自的铝色淀。色淀是由水溶性着色剂沉淀在允许使用的不溶性基质上所制备的特殊着色剂，其着色剂部分是允许使用的合成着色剂，基质部分多为氧化铝，称铝色淀。铝色淀的耐光性和耐热性均优于其相应的合成着色剂。中国允许使用的合成着色剂有赤藓红及其铝色淀、靛蓝及其铝色淀、亮蓝及其铝色淀、柠檬黄及其铝色淀、日落黄及其铝色淀、苋菜红及其铝色淀、新红及其铝色淀、胭脂红及其铝色淀、酸性红（又名偶氮玉红）及其铝色淀、诱惑红及其铝色淀。与天然着色剂相比，合成着色剂具有着色力强、色泽鲜艳、不易褪色、稳定性好、易溶解、易调色、成本低等优点，但安全性较差。

使用食品着色剂时应注意安全性，严格执行国家标准。此外，着色剂应该配成溶液再使用，若直接使用，着色剂粉末不易均匀分散，可能形成颜色斑点；染色应适度；使用混合着色剂时，应选择溶解性、浸透性、染着性等性质相近的着色剂，防止褪色和变色发生，并考虑着色剂之间和环境的影响；在食品加工过程中，应避免光照、金属离子、高温等因素对色素的影响；色素的加入应尽可能放在其他加工后。

中国批准使用的食品着色剂有茶黄色素、茶绿色素、赤藓红、赤藓红铝色淀、靛蓝、靛蓝铝色淀、多穗柯棕、二氧化钛、柑橘黄、高粱红、黑豆红、黑加仑红、红花黄、红米红、红曲红、红曲米、β-胡萝卜素、β-胡萝卜素（发酵法）、花生衣红、姜黄、姜黄素、焦搪色（不加氨生产）、焦糖色（加氨生产）、金樱子棕、菊花黄浸膏、可可壳色、辣椒红、辣椒橙、兰锭果红、藻蓝（淡水或海水）、亮蓝、亮蓝铝色淀、萝卜红、落葵红、玫瑰茄红、密蒙黄、柠檬黄、柠檬黄铝色淀、NP红、葡萄皮红、日落黄、日落黄铝色淀、沙棘黄、桑葚红、酸性红、酸枣色、甜菜红、天然苋菜红、栀子黄、栀子蓝、苋菜红、苋菜红铝色淀、橡子壳棕、新红、新红铝色淀、叶绿素铜钠盐、胭脂虫红、胭脂红、胭脂红铝色淀、胭脂树橙（红木素/降红木素）、诱惑红、玉米黄、越橘红、植物炭黑、紫草红、紫胶红（虫胶红）等。

天然色素

天然色素是从植物、动物和微生物等资源中提取的天然有色物质。色、香、味是影响食品优劣层次的基础因素，特别是食品的颜色，是大部分消费者挑选食物的重要鉴别因素。如红色的肉代表新鲜，棕红色的肉则不新鲜；白中透红的桃代表成熟，其味香而甜，绿色的桃往往是生的，其味酸而涩。

与人工合成色素相比，天然色素安全性高，无毒无副作用，更易获得消费者青睐。但多数天然色素对光、热、pH、氧气等敏感，易导致食品在加工或贮存中变色或褪色。如马铃薯、蘑菇、苹果等切口后，很快变成棕褐色；荔枝罐头杀菌后变红；叶绿素加热变黄等。

◆ **发展简况**

在食品中添加天然色素最早可追溯到公元前1500年，古埃及人利用天然提取物和葡萄酒来改善糖果的色泽。中国天然色素原料种植、成品的制备及使用同样历史悠久，《食经》和《齐民要术》等书中就有关于利用天然色素为食品和酿酒着色的记录，如用艾青做青饺，用红米和茜草植物使食品着色。21世纪以来，天然食用色素在国际市场上销售额的年增长率一直保持在10%以上，西方一些发达国家在食品中使用天然色素比例已达85%，并有完全取代合成色素的趋势；而在中国，有60种色素被批准在食品行业中使用，其中天然色素40余种。

◆ **分类**

天然色素根据来源的不同可分为3类。①植物色素。如绿叶中的叶绿素，番茄中的番茄红素等。②动物色素。如肌肉中的血红素，虾壳中的虾青素等。③微生物色素。如酱豆腐表面的红曲色素等。其中植物色素占多数。

天然色素还可根据化学结构的不同进行分类。①类胡萝卜素类化合物。最基本的组成单元是异戊间二烯结构，包括烃类胡萝卜素和氧合类胡萝卜素及其衍生物，是一类呈黄色、橙红色或红色的多烯类物质，是脂溶性色素。主要有天然胡萝卜素、叶黄素、番茄红素、藏红花色素、辣椒红素、玉米黄、虾青素等。②类黄酮化合物类。包括黄酮醇和黄酮及其衍生物，广泛分布于植物组织中，多呈浅黄色乃至无色，少数为鲜亮橙黄色。主要有花青素（酚类化合物中的类黄酮类）、甘草色素、黑米色素、黑芝麻色素、天然苋菜红色素、洋葱色素、柚皮苷等。③多酚类化合物。包括儿茶素（茶单宁）和单宁及其衍生物，是水溶性色素，主要有表儿茶素、表没食子儿茶素、表儿茶素没食子酸酯、表没食子儿茶素没食子酸酯、单宁酸、黄木素等。儿茶素最初从儿茶中提取，广泛存在于葡萄、苹果等未成熟果实中；单宁是葡萄酒中含有的两种酚化合物之一。④醌类化合物。分子中一般含有酚羟基和羧基，是酮类的衍生物，有苯酮、萘醌、蒽醌等形式。主要有茜草红色素、紫草红、虎杖色素、决明子红色素等。⑤四吡咯类色素。基本结构是由 4 个吡咯环的 α-碳原子通过次甲基相连成的卟啉环。主要有血红素、胆红素、叶绿素和蓝藻素及其化合物。⑥其他类。还有生物碱类、二酮类、吲哚类等其他天然色素，包括甜菜红、落葵红、姜黄、枣红色素、焦糖色素、乌贼色素、红曲色素等。

◆ 在食品加工中应用的管理原则和优势特点

天然色素在食品加工中可以用于饮料、糖果、蛋糕、人造奶油等产品中，国际上对天然色素的管理遵循 3 项原则。①选用国际所广泛认可的天然色素。②对各国所认定可以进行调色的食品进行调色。③对食品进行调色时所添加的色素量应低于最高含量标准。

在食品加工过程中天然色素可用于食品着色以提高食品的商品性，

相当部分天然色素还具有一定的生理活性，是营养保健食品中的功能性有效成分。如花青素有抗氧化、预防心脑血管疾病、保护肝脏等作用；叶绿素具有一定的抗氧化、免疫调节作用，对预防肿瘤、改善贫血以及抵御病原体感染等方面有一定的积极影响；虾青素有保护眼睛和中枢神经、增强免疫力、缓解疲劳、增强机体代谢等功能。天然色素具有人工合成色素无法比拟的优势，在食品工业中逐渐取代人工合成色素是必然的趋势。在逐步打开食用天然色素商业市场的过程中，必须对天然色素加大开发力度，研发优质色素，并加强完善相关制备、提取、稳定化及分离分析技术，克服天然色素稳定性差、着色弱、应用范围狭窄等问题，并发挥天然色素的营养和保健作用，研制出多功能营养化的天然色素及相关产品。

类黄酮

类黄酮是两个具有酚羟基的苯环通过中央三碳相互连接（C_6—C_3—C_6）而形成的一系列化合物。

类黄酮是自然界存在的一大类酚类物质，是植物次级代谢的产物，在自然界广泛存在，因多呈黄色而得名。已经发现的类黄酮超过4000种。根据中央三碳链的氧化程度、B-环连接位置（2-或3-位）及三碳链是否构成环状等特点可以分成黄酮、黄酮醇、黄烷酮、异黄酮、黄烷醇、黄烷酮醇、查耳酮及花色素等。

类黄酮多以糖苷形式存在，少数以游离苷元

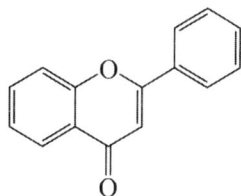

类黄酮的化学结构式

形式存在。一般为浅黄色或黄色结晶性固体，少数颜色较深（如高粱红、可可色素、红花黄、菊花黄、沙棘黄等），通常无味或略带苦味。黄酮苷元一般难溶或不溶于水，易溶于甲醇、乙醇、丙酮、乙酸乙酯等有机溶剂；糖基化后水溶性增大，易溶于水、甲醇、乙醇、乙酸乙酯等溶剂。类黄酮分子中因含酚羟基而显酸性，故可溶于稀碱液、吡啶、甲酰胺等溶剂中。类黄酮苷多无旋光性，而黄酮苷均具旋光性且多为左旋。多数类黄酮化合物可与铝盐、镁盐、铅盐或锆盐生成有色的络合物，常用于黄酮的显色测定。

类黄酮广泛存在于水果、蔬菜、豆类、茶叶等植物中，主要集中于叶、花、果等部位，在食用菌中也有报道。其中黄酮醇类（如槲皮素）为最常见的类黄酮，在红洋葱中的含量较高；黄酮类（如木樨草素）常见于甜椒和芹菜中；黄烷酮类（如橙皮苷）主要存在于柑橘类水果中；黄烷醇类（如儿茶素）在绿茶中含量最为丰富；花色素类（如花青素）主要存在于花卉及果蔬中；异黄酮类（如大豆异黄酮）则主要存在于豆类食品中。

类黄酮及其衍生物通常具有生理活性，能有效清除体内的活性氧，有延缓细胞衰老、增强机体免疫力、降血糖、抗辐射、抗炎抑菌、抗癌抗肿瘤及预防心血管疾病等功效。在食品工业中类黄酮主要用作天然色素添加于食品中，如饮料、酒类、焙烤食品等。类黄酮作为一种天然抗氧化剂，具有无毒、低价、高效的优点，可部分替代合成抗氧化剂应用于食品及化妆品行业。部分类黄酮衍生物具有甜味，如二氢查耳酮和新橙皮苷二氢查耳酮甜度分别为蔗糖的 100 倍和 950 倍且回味均无苦味，可作为甜味剂应用于食品行业,并具保健功效。部分类黄酮(如柚皮苷),虽然本身具有苦味,但用在饮料及高级糖果中却可起风味增强剂的作用。由于类黄酮化合物具有良好的生物保健功能,也可用于开发功能性食品。市场上以蜂胶、银杏、山楂、沙棘、荞麦、柑橘皮、茶叶等类黄酮加工品较多,如银杏叶袋泡茶、苦荞素食粉、山楂叶冲剂、蜂胶胶囊、类黄酮口香糖、类黄酮牙膏、沙棘汁等。此外,黄酮类化合物还具有类似植物雌激素的作用,能显著提高动物生产性能及抗病力,改善动物机体免疫机能,可用于饲料添加剂的开发。

花色苷

花色苷是一类来源于植物的天然水溶性酚类色素。

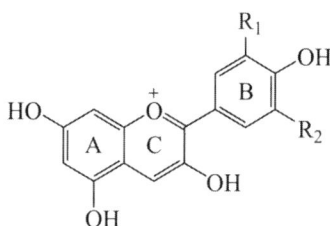

花色苷的化学结构式

由花色素(又称花青素)与糖以糖苷键结合而成。与花色素成苷的糖主要有葡萄糖、半乳糖、阿拉伯糖、鼠李糖及这些单糖构成的二糖和三糖。花色苷属于类黄酮,由两个苯环通过中央三碳链(C环)相互连接而成,配基为花色素,具有二苯基–苯并吡喃阳离子结构,通过与各种糖类结合形成不同的甘元。大多数花色素在3-、5-、7-碳位上取代羟基。大部分花色苷与有机酸通过糖的酯酰的形式结合存在。

可溶于水和醇溶液。其色调随羟基(—OH)、甲氧基(—OCH$_3$)、糖结合的位置及花色苷种类的数目不同而有所差别,当 pH

从强酸性变化至中性乃至碱性，花色苷的色调从红色变化至紫色乃至蓝色。花色苷类物质由于结构的特殊性，其稳定性易受外界因素的影响，包括 pH、储存温度、溶剂、氧、花色苷结构、金属离子和共色效应。大多数花色苷类对热不太稳定，对光敏感。

自然界已知的花色素有 22 大类，广泛存在于被子植物的花、果实、茎、叶、根器官的细胞液中，分布于 27 个科，72 个属的植物中，已发现的花色苷种类已达 600 多种。根据在植物中的存在部位不同将花色苷分为以下四大类：①分布在植物果实（尤以浆果为主）中的浆果花色苷。②分布在植物茎叶中的花色苷。③分布在植物块根中的花色苷。④分布在植物种子中的花色苷。食品中重要的花色素有天竺葵素、矢车菊素、芍药色素、飞燕草素、牵牛色素、锦葵色素 6 种。

花色苷具有抗氧化、抗动脉硬化、抑制脂质过氧化和保护肝脏等生物活性，可用作保健食品功能因子或功能性食品添加剂。

花色苷主要吸收部位在胃和小肠。食品添加剂联合专家委员会（JECFA）认为花色苷为无毒或毒性甚微的化合物。花色苷具有良好的生物活性，包括：①抗氧化活性。例如矢车菊素抗氧化活性显著强于传统抗氧化剂维生素 E。②抗突变与抗癌活性。如紫色马铃薯可有效减少突变诱导物诱导的可逆性突变。③抗高血糖作用。花色苷增加对胰岛素的敏感性而发挥抗高血糖作用。④抗炎活性。如酸樱桃中分离的花色苷糖苷配基矢车菊色素的抗炎活性优于阿司匹林。⑤预防心血管疾病作用。实验表明花色苷具有降低血清及肝脏中脂肪含量的作用。

花色苷具有美丽的颜色，且天然、无毒，特别适宜用作食品添加剂，已广泛应用于果酱、果冻、糖果、腌制品、雪糕、冰激凌等食品中。花色苷具有多方面的生理功能，在保健品开发领域有巨大潜力。未来应探索花色苷的活性与机制，使花色苷的应用更准确、更有效，以发挥更大的生物活性作用。

甜菜红

甜菜红是存在于食用红甜菜中的天然植物色素。主要由红色的甜菜红素和黄色的甜菜黄素组成。甜菜红素中主要成分为甜菜红苷，占红色素的 75% ～ 95%；甜菜黄素包括甜菜黄素 I 和甜菜黄素 II，均为吡啶衍生物。甜菜红为红紫至深紫色液体、块或粉末状物、糊状物，易溶于水，难溶于醋酸、丙二醇，不溶于乙醇、甘油和油脂。水溶液呈红色至紫红色，色泽鲜艳，pH3.0 ～ 7.0 时较稳定，pH4.0 ～ 5.0 稳定性最佳，碱性条件下呈黄色。光和氧可促进甜菜红降解。金属离子对其影响较小，但 Fe^{3+}、Cu^{2+} 含量高时，甜菜红可发生褐变。

甜菜红对食品的着色性好，可赋予食品杨梅或玫瑰的鲜红色泽，在食品工业领域中多用于糖果、糕点、罐头、酸奶等产品中。但由于其耐热性较差，不宜用于高温加工的食品。此外，因其稳定性随食品水分活度的增加而降低，故不适用于汽水、果汁等饮料。

红甜菜是一种可食用的植物，对人体健康无不良影响，而甜菜红是甜菜的成分之一，所以可认为安全性高。中国规定甜菜红可在各类食品中按生产需要适量使用。

栀子黄

栀子黄是从茜草科植物栀子果实中提取出来的黄色色素。别名藏花素，俗称黄栀子。属类胡萝卜素系列，主要成分为类胡萝卜素类的α-藏花素和藏花酸，还含有环烯醚萜苷类的栀子苷、黄酮和绿原酸。栀子黄为橙黄色结晶性粉末，微臭，易溶于水，可溶于乙醇和丙二醇，不溶于油脂，在水中立即溶解成透明的黄色液体，pH对其色调几乎无影响。耐盐性、耐还原性、耐微生物性均好，但耐热性、耐光性在酸性条件下较差，在酸性条件下比在碱性条件下褪色显著。对铝、钙、铅、铜、锡、锌等金属离子相当稳定，但遇铁离子则有变黑的倾向。使用时可添加色素稳定剂（EDTA-2Na），以避免与铁离子接触，防止栀子黄褪色。对蛋白质、淀粉等具有优良的染色能力，且耐热性良好，在80℃下120分钟，色素残存率在85%以上。栀子黄安全性高、着色力强、色泽鲜艳、稳定性好，是一种理想的水溶性天然食用黄色素。中国GB 2760—2014《食品安全国家标准 食品添加剂使用标准》规定：栀子黄可用于冷冻饮品（食用冰除外）、蜜饯类，坚果与籽类罐头，可可制品、巧克力和巧克力制品（包括代可可脂巧克力及制品）以及糖果、生干面制品、果蔬汁（浆）类饮料、风味饮料（仅限果味饮料）、配制酒、果冻和膨化食品，最大使用量为0.3克/千克；可用于糕点，最大使用量为0.9克/千克；可用于生湿面制品（如面条、饺子皮、馄饨皮、烧麦皮）和焙烤食品馅料及表面用挂浆，最大使用量为1.0克/千克；可用于人造黄油（人造奶油）及其类似制品（如黄油和人造黄油混合品）、腌渍蔬菜、熟制坚果与籽类（仅限油炸坚果与籽类）、方便米面制品、粮食制品馅料、饼干、熟肉制品（仅限禽肉熟制品）、调味品（盐及代盐制品除外）和固体饮料，最大使用量为 1.5 克 / 千克。

栀子蓝

栀子蓝是以栀子果实为原料经浸提、β- 葡萄糖苷酶水解转变成栀子苷元，再与氨基酸反应制得的着色剂。多为深蓝色或蓝色粉末，水溶性极高，对蛋白质和淀粉着色力较强，在 pH2.5 ～ 8 颜色稳定，对光、热、金属等均稳定。中国于 1989 年就将其列入食品着色剂，2012 年 4 月 25 日栀子蓝色素的首个国家标准 GB 28311—2012《食品安全国家标准 食品添加剂 栀子蓝》发布，规定栀子蓝色素溶液在波长 580 ～ 620 纳米之间应有最大吸收峰；用 pH7.0 柠檬酸缓冲液配制的 0.1% 栀子蓝溶液应呈蓝色；取 0.1% 栀子蓝溶液 5 毫升，加盐酸 1 ～ 2 滴，再加含有效氯 4% 以上的次氯酸钠溶液 1 ～ 3 滴，栀子蓝溶液应褪色。

一般很少单独使用栀子蓝在食品加工中着色，而是与其他色素复配使用。作为三原色之一，栀子蓝多与天然的黄色素（如栀子黄色素、红花黄色素等）调配出不同强度的绿色素。与天然叶绿素相比，用栀子蓝调配的绿色素色调可控、耐酸性好，可用于偏酸性的食品中。此外，栀子蓝还可与各种天然的红色素调配出不同色调的紫色。

在食品加工中应用广泛，可用于果酱、腌渍的蔬菜、糖果、粮食制品馅料、烘焙食品、果蔬汁类及其饮料、固体饮料、蛋白饮料、配制酒、膨化食品等食品的着色。在医药、日用化工等领域也有广泛应用。栀子蓝已被列入 GB 2760—2014《食品安全国家标准 食品添加剂使用标准》，可在标准规定范围内使用。

辣椒红

辣椒红是存在于辣椒中的脂溶性类胡萝卜素类色素。又称辣椒红色素、辣椒油树脂。

辣椒红中主要红色组分为辣椒红素和辣椒玉红素，还含有少量的黄色组分为胡萝卜素和玉米黄质。辣椒红分子式为 $C_{40}H_{56}O_3$，相对分子质量 584.85。分子内含有共轭多烯烃，因大量共轭双键形成发色基而产生颜色。辣椒红产品多为深红色黏稠油状液体，具有辣味，易溶于食用油、丙酮、乙醚、三氯甲烷、正乙烷，可溶于乙醇，几乎不溶于水。具有良好的乳化分散性，耐热性、耐酸性均好，但耐光性稍差。

具有色泽鲜艳、着色力强、色价高、安全性高等优点，在中国可作为食品着色剂使用。根据 GB 2760—2014《食品安全国家标准 食品添加剂使用标准》规定，辣椒红可根据生产需要适量使用于冷冻饮品、腌渍蔬菜、熟制坚果与籽类、糖果等食品。

红曲米

红曲米是以大米为原料，用红曲霉菌属红曲霉发酵培养得到的红色颗粒或粉末。又称红曲红、红曲色素。红曲米是多种呈色物质的混合物，呈色组分主要包括潘红（红色素）、梦那红（黄色素）、梦那玉红（红色素）、安卡黄素（黄色素）、潘红胺（紫色素）、梦那玉红胺（紫红色素）。红曲米极易溶于乙醇、丙二醇、丙三醇及其水溶液，易溶于热水及酸、碱溶液，对 pH 稳定，耐光、耐热，几乎不受金属离子和漂白剂的影响，但经阳光直晒会褪色。对蛋白质含量高的食品染着性好，但不溶于油脂及非极性溶剂。

红曲米是一种天然食用色素。根据 GB 2760—2014《食品安全国家标准 食品添加剂使用标准》规定，红曲米可根据生产需要适量应用于调制乳、调制炼乳、冷冻饮品、果酱、糖果等食品。

叶绿素铜钠

叶绿素铜钠是叶绿素经皂化后，用铜离子取代叶绿素中的镁离子得到的色素。又称叶绿素铜钠盐。为叶绿素铜钠 a 与叶绿素铜钠 b 的混合物。叶绿素铜钠为墨绿色，且有金属光泽的粉末，无臭或略带氨臭，易溶于水，水溶液呈蓝绿色，1% 水溶液 pH 为 9.5 ～ 10.2，略溶于乙醇和氯仿，几乎不溶于乙醚和石油醚。有 Ca^{2+} 存在时，叶绿素铜钠将沉淀析出；在酸性溶液中易沉淀析出，故不宜用于酸性饮料。

在天然色素中，红、黄色素种类居多，绿色素较少，而绿色食品日益受到人们的喜爱，以绿色素作为着色剂在食品中的使用也越来越多。由于天然叶绿素稳定性差，受到光照易发生光敏氧化，裂解为无色物质，不宜作为食品着色剂使用。将叶绿素改造成为叶绿素铜钠，可使其耐光性显著提高，水溶性更高，方便应用。中国 GB 2760—2014《食品安全国家标准 食品添加剂使用标准》允许叶绿素铜钠用于果蔬汁（浆）类饮料（固体饮料按稀释倍数增加使用量），可根据生产需要适量使用；可用于冷冻饮品（除食用冰）、蔬菜罐头、熟制豆类、加工坚果与籽类、糖果、粉圆、焙烤食品、饮料类（除包装饮用水，仅限使用叶绿素铜钠盐，固体饮料按稀释倍数增加使用量）、配制酒、果冻（如用于果冻粉，按冲调倍数增加使用量），最大使用量为 0.5 克 / 千克。叶绿素铜钠的每日允许摄入量为 0 ～ 15 毫克 / 千克体重。

天然苋菜红

天然苋菜红是由苋科、苋属、红苋菜提取的花青素色素。主要着色物质为苋菜苷（相对分子质量 726）和甜菜苷（相对分子质量 550）。为紫色、红褐色或暗红褐色浓缩液或干燥粉末，易溶于水，可溶于甘油，微溶于乙醇，不溶于油脂。pH4 ～ 6 时呈紫红色，pH8 时呈紫色，在碱性溶液（pH > 12）中则变为黄色，金属离子对其颜色也有一定影响。对光、热、酸较敏感，日光下稳定性不及人工合成的苋菜红，且其着色力比人工合成苋菜红差。天然苋菜红色彩鲜艳、着色均匀、性能稳定、CO_2 和糖对其无影响，故适用于饮料及儿童食品。

通常以红苋菜可食部位为原料，经水提取后，采用乙醇精制获得。是一种天然可食用色素，具有一定营养价值。中国 GB 2760—2014《食品安全国家标准 食品添加剂使用标准》规定，天然苋菜红可用于蜜饯凉果、装饰性果蔬、糖果、糕点上彩装等食品，最大使用量为 0.25 克 / 千克，每日允许摄入量为 0 ～ 0.5 毫克 / 千克体重。

焦糖色素

焦糖色素是蔗糖、饴糖、淀粉等糖类在高温下脱水、分解、聚合而成的红褐色或黑褐色混合物。别名焦糖色、酱色。焦糖色素为深褐色的液体或固体，水溶液为透明的红棕色液体，无臭或略带异臭，具有焦糖香味和愉快的苦味，为食品着色剂。易溶于水，不溶于有机溶剂和油脂。

根据生产中是否加酸、碱、盐等，可将其分为普通焦糖色素、氨法焦糖色素、亚硫酸铵焦糖色素和苛性亚硫酸盐焦糖色素。①普通焦糖色素。不添加铵（氨）、亚硫酸盐等物质直接用酸或碱加热制得。所用酸为食品级的硫酸、亚硫酸、磷酸、乙酸或柠檬酸，所用碱为氢氧化钠、氢氧化钾或氢氧化钙。在普通焦糖生产中只发生焦糖化反应，无有害物质产生。②氨法焦糖色素。在氨类化合物存在下用酸或碱加热制得。③亚硫酸铵焦糖色素。在亚硫酸盐和铵化合物存在下用酸或碱加热制得。④苛性亚硫酸盐焦糖色素。在亚硫酸盐存在下，用酸或碱加热制得。在氨法焦糖色素和亚硫酸铵焦糖色素生产中还发生羰－胺反应，即糖类物质中的羰基与氨或铵类物质中的氨基在高温条件下经羟醛缩合、裂解、重排、缩合等反应形成水溶性褐色大分子物质，由于羰－胺反应的条件与 4-甲基咪唑的形成条件相似，故这两类焦糖色素可能含有咪唑类化合物。但羰－胺反应法操作简单、产品色率高，故仍被采用。

普通焦糖色素的每日允许摄入量无限制；氨法焦糖色素和亚硫酸铵焦糖色素的每日允许摄入量为 0 ～ 200 毫克 / 千克体重；苛性亚硫酸盐焦糖色素只能用于白兰地、威士忌、朗姆酒和配制酒的着色，且最大使用量不得超过 6.0 克 / 升。普通焦糖色素、氨法焦糖色素和亚硫酸铵焦糖色素在食品中应用广泛，可查询 GB 2760—2014《食品安全国家标准食品添加剂使用标准》了解其使用范围。

食品护色剂

食品护色剂是能与食品（含蔬菜，酒，肉及肉制品）中呈色物质作用，使之在食品加工、保藏等过程中不致分解或破坏，呈现良好色泽的物质。

中国批准使用的护色剂有硝酸钠、硝酸钾、亚硝酸钠、亚硝酸钾、葡萄糖酸亚铁、D-异抗坏血酸及其钠盐、焦亚硫酸钠和亚硫酸钠等。

◆ 作用机理

使用范围最广、使用量最大的食品护色剂为添加到肉制品的护色剂。在肉制品加工过程中添加护色剂亚硝酸盐或硝酸盐。其中硝酸盐在细菌作用下还原成亚硝酸盐；亚硝酸盐在一定的酸性条件下生成亚硝酸，亚硝酸不稳定，在常温下可分解产生亚硝基（—NO）；亚硝基迅速与肌红蛋白（Mb）反应生成鲜艳的、亮红色的亚硝基肌红蛋白（MbNO），使肉制品呈现良好的感官性状。L-抗坏血酸（盐）等还原性护色剂，可以防止肌红蛋白的氧化，同时可将氧化型的褐色高铁肌红蛋白还原为红色的还原型肌红蛋白。其他护色剂的护色机理在于其具有抗氧化作用，从而保护食品中色素物质不被氧化而褪色。

◆ 使用范围与剂量

硝酸钠、硝酸钾与亚硝酸钠、亚硝酸钾都可用于腌、腊肉制品类（如咸肉、腊肉、板鸭、中式火腿），酱卤肉制品类，熏、烧、烤肉类，油炸肉类，西式火腿 (熏烤、烟熏、蒸煮火腿) 类，肉灌肠类和发酵肉制品类等。硝酸钠与硝酸钾最大使用量为 0.5 克 / 千克，残留量 ≤ 30 毫克 / 千克（以亚硝酸钠 / 钾计）。亚硝酸钠与亚硝酸钾最大使用量为 0.15 克 / 千克，其中西式火腿类中的残留量 ≤ 70 毫克 / 千克（以亚硝酸钠计），肉罐头类中的残留量 ≤ 50 毫克 / 千克（以亚硝酸钠计），其他食品中的残留量 ≤ 30 毫克 / 千克（以亚硝酸钠计）。

葡萄糖酸亚铁被允许添加于腌渍的蔬菜（仅限橄榄菜），最大使用量为 0.15 克 / 千克（以铁计）。

D- 异抗坏血酸及其钠盐可用于浓缩果蔬汁（浆）和葡萄酒；用于浓缩果蔬汁（浆）时，D- 异抗坏血酸及其钠盐可按生产需要适量使用；用于葡萄酒时，D- 异抗坏血酸及其钠盐的最大使用量为 0.15 克 / 千克（以抗坏血酸计）。

焦亚硫酸钠可用于蔬菜罐头的护色，其最大使用量为 0.05 克 / 千克（以二氧化硫残留量计）。

亚硫酸钠可用于果酱，其最大使用量为 0.1 克 / 千克（以二氧化硫残留量计）。

◆ **毒性与注意事项**

上述食品护色剂中在安全性方面有争议的是亚硝酸盐和硝酸盐。亚硝酸钠在食品添加剂中属急性毒性较强的物质之一，半数致死剂量（LD_{50}）为 0.085 毫克 / 千克体重（大鼠经口），人的中毒量为 0.3 ~ 0.5 克，致死量约为 3 克。2002 年联合国粮农组织和世界卫生组织的食品添加剂联合专家委员会第 59 次会议规定亚硝酸盐的每日允许摄入量为

0 ～ 0.07 毫克 / 千克。亚硝酸与多种氨基化合物（主要来自蛋白质分解产物）反应，产生致癌的 N- 亚硝基化合物（如亚硝胺等）。亚硝胺是国际上公认的一种强致癌物，动物实验表明亚硝胺具有强致癌性。因此，在加工肉制品时应严格控制亚硝酸盐及硝酸盐的使用量。

硝酸钾

硝酸钾属于食品护色剂中的硝酸盐，化学式 KNO_3。

◆ 物理性质

无色透明棱柱状结晶或白色粉末。密度 2.105 克 / 厘米^3，熔点 334℃，400℃ 分解，易溶于水，且溶解度随温度升高迅速增大（克 / 100 克水）：13.3（0℃），38.3（25℃），247（100℃）。但是不溶于无水乙醇或乙醚。

◆ 应用

在食品工业可用作发色剂、护色剂、抗微生物剂和防腐剂（如用于腌肉），它可通过细菌作用而被还原成亚硝酸钾从而起到护色和抑菌作用。硝酸钾还是制造黑色火药，如矿山火药、引火线、爆竹等的原料；也可用于焰火以产生紫色火花。医药工业用于生产青霉素钾盐，利福平等药物。

◆ 毒性

硝酸钾的毒性与硝酸钠相似，其粉尘对

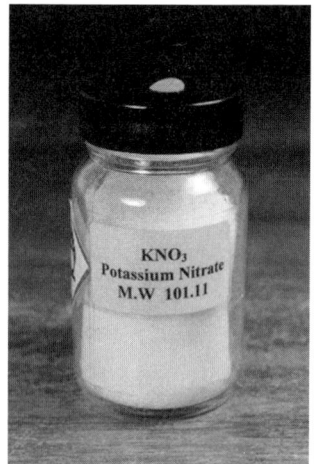

硝酸钾

呼吸道有较强的刺激性，高浓度吸入可引起肺水肿；大量接触可引起高铁血红蛋白血症，影响血液携氧能力，出现头痛、头晕、紫绀、恶心、呕吐。重者引起呼吸紊乱、虚脱，甚至死亡。口服会引起剧烈腹痛、呕吐、血便、休克、全身抽搐、昏迷，甚至死亡。其对皮肤和眼睛有强烈刺激性，甚至造成灼伤。

若不慎吸入其粉末，应迅速脱离现场至空气新鲜处，保持呼吸道通畅并及时就医。若不慎食入，迅速用水漱口，给饮牛奶或蛋清并及时就医。

食品漂白剂

食品漂白剂是能够破坏、抑制食品的发色因素，使其色泽褪去或使食品避免或减少褐变的食品添加剂。

食品的色泽是吸引消费者的关键。纯白色常给人一种清洁、卫生的感觉，为消费者所喜爱。如食品中带有晦暗或令人不愉快的颜色，很可能失去市场，故需消除这些晦暗或令人不愉快的颜色。例如，在加工如蜜饯类、干果类食品时，常发生褐变作用而影响外观，此时需要将褐黑色变成白色，甚至变成无色。因此，漂白剂对于食品品质的提高起重要作用。

漂白剂种类繁多，中国批准使用的有低亚硫酸钠（保险粉）、二氧化硫、焦亚硫酸钾、焦亚硫酸钠、亚硫酸钠、亚硫酸氢钠、硫黄等，总体来说只有两类：第一类包括二氧化硫、焦亚硫酸钾、焦亚硫酸钠、亚硫酸钠、亚硫酸氢钠和低亚硫酸钠，第二类是硫黄。这两类都属于还原型漂白剂，其作用的有效成分均为二氧化硫。大部分食品在空气中会氧化而产生有色物质，发生褐变，且颜色会逐渐加深，上述还原性漂白剂可保护食品不被氧化；植物性食物的褐变通常与引起褐变的氧化酶有关，上述漂白剂可抑制或破坏氧化酶的活性，阻止氧化褐变作用；此外，有些褐变是由三价铁离子（Fe^{3+}）引起，上述漂白剂可将 Fe^{3+} 还原成二价铁离子（Fe^{2+}），从而抑制褐变。但这些还原性漂白剂作用较缓和，被漂白的色素类物质一旦被氧化，可能重新显色。研究发现，亚硫酸盐对花色素褪色作用明显，类胡萝卜次之，对叶绿素则几乎不起作用，即对红色、紫色褪色效果最显著，黄色次之，绿色最差。亚硫酸盐溶液不稳定，一般现配现用。

硫黄易燃，燃烧时产生二氧化硫，其漂白方法是气熏法，而不是直接添加于食品。熏硫可以使果皮表面细胞破坏，促进干燥，同时产生的二氧化硫可破坏细胞的酶系统，阻止氧化作用，使果实中单宁物质不被氧化而变成棕褐色。硫黄作为食品漂白剂，用于水果干类时，最大使用量为 0.1 克 / 千克；用于蜜饯、凉果时，最大使用量为 0.35 克 / 千克，用于干制蔬菜时，最大使用量为 0.2 克 / 千克；用于经表面处理的鲜食用菌和藻类时，最大使用量为 0.4 克 / 千克；用于食糖时，最大使用量为 0.1 克 / 千克；用于魔芋粉时，最大使用量为 0.9 克 / 千克。

漂白剂除改善食品色泽外，还有抑菌、抗氧化等作用。但食品漂白剂有一定的毒性和残留量，开发低毒性和低残留的食品漂白剂是发展趋势。

二氧化硫

二氧化硫又称亚硫酸酐。化学式 SO_2。

二氧化硫是无色有刺鼻臭味的有毒气体。不可燃，易液化，熔点 -75.45℃，沸点 -10.02℃，气体密度 2.619 克 / 升。液态二氧化硫是非水溶剂，可以溶解许多无机物和有机物。二氧化硫易溶于水，生成亚硫酸，所以又称亚硫酸酐。二氧化硫分子是 V 形结构，键长 143 皮米，键角 119.5°。二氧化硫兼有氧化性和还原性，还原性强于氧化性。

二氧化硫除用于制造硫酸外，还用作漂白剂、防腐剂、消毒剂和用于造纸业。

二氧化硫是大气中含量最大的有害成分，是造成全球范围内"酸雨"的主要因素，约 80% 是火力发电厂排放的，应设法减少其排放量。

亚硫酸钠

亚硫酸钠的分子式 Na_2SO_3，分子量 126.043，是常见的亚硫酸盐。亚硫酸钠无色、单斜晶体或粉末，熔点 911℃，密度 2.63 克 / 厘米³。对眼睛、皮肤、黏膜有刺激作用，可污染水源。受高热分解产生有毒的硫化物烟气。亚硫酸钠制备过程是：各种二氧化硫原料气与烧碱或纯碱反应得到亚硫酸氢钠溶液，采用烧碱中和亚硫酸氢钠溶液得到亚硫酸钠溶液；亚硫酸钠溶液进入浓缩器，采用双效连续浓缩工艺蒸出水分，得到含亚硫酸钠结晶的悬浮液；将浓缩器中合格物料放入离心机，实现固液分离；固体亚硫酸钠进入气流干燥器，采用热风干燥得到成品；母液回用到配碱槽，循环使用。

生产亚硫酸钠应密闭操作，加强通风。操作人员必须经过专门培训，严格遵守操作规程，佩戴自吸过滤式防尘口罩，戴化学安全防护眼镜，穿防毒物渗透工作服，戴橡胶手套。避免产生粉尘，避免与酸类接触。搬运时轻装轻卸，防止包装破损。配备泄漏应急处理设备。倒空的容器可能残留有害物。储存于阴凉、通风的库房，远离火种、热源，与酸类等分开存放，切忌混储、久存。储存区应备有合适的材料用于突发事件时收容泄漏物。

亚硫酸钠主要用作还原性漂白剂、防腐剂、疏松剂、抗氧化剂、去氯剂、人造纤维稳定剂、织物漂白剂、照相显影剂、染漂脱氧剂、香料和染料还原剂、造纸木质素脱除剂等。

调味剂

调味剂能改善食品的感官性质，使食品更加美味可口，并能促进消化液的分泌和增进食欲。虽然各种食物都有其特殊的味道，但因人们的偏爱和口味有所不同，故常用调味剂将食品调和成适当的口味。广义上讲，调味剂包括咸味剂、甜味剂、鲜味剂、酸度调节剂、苦味剂和辛辣剂等。咸味剂是食盐，主要成分是氯化钠；苦味剂在食品调味时很少使用；辛辣剂一般来源于天然可食植物。因此，纳入食品添加剂管理的调味剂只有甜味剂、酸度调节剂和鲜味剂。甜味剂是赋予食品甜味的食品添加剂，包括天然甜味剂和合成甜味剂。酸度调节剂是用以维持或改变食品酸碱度的物质，包括酸、碱和盐。鲜味剂是指补充或增强食品原有风味的物质，包括氨基酸类、核苷酸类、有机酸类和蛋白质类鲜味剂，中国使用量最大的鲜味剂为 L- 谷氨酸钠，俗称味精。在使用甜味剂、酸度调节剂和鲜味剂时应该严格遵守 GB 2760—2014《食品安全国家标准 食品添加剂使用标准》。

调味剂必须有一定的水溶性才可能有一定的味感，完全不溶于水的物质是无味的。此外，每一种调味剂都必须达到一定的浓度才能被人感受到，即每种调味剂都有阈值。阈值是感受到某种呈味物质的味觉所需要的该物质的最低浓度，如常温下柠檬酸阈值为 0.0025%。只有当调味剂浓度高于其阈值时才能被感受到。根据阈值的测定方法的不同，又可将阈值分为绝对阈值、差别阈值和最终阈值。绝对阈值是指人能感觉某种物质的味觉时的最小刺激量。绝对阈值越小，表明物质的呈味能力越强。差别阈值是指人感觉某种物质的味觉有显著差别的刺激量的差值；最终阈值是指人感觉某种物质的刺激不随刺激量的增加而增加的刺激量。

有时两种呈味物质同时进入口腔会使二者味觉都有所改变，这种现象是因为味觉相互作用，相互作用包括味的增效作用、相乘作用、消杀作用、变调作用和疲劳作用。味的增效作用是指两种或两种以上的物质适当调配，可使某种物质的味觉更加突出。例如，在蔗糖溶液中添加少量氯化钠，会使蔗糖的甜味更加突出；在醋酸中添加少许氯化钠可使酸味更加突出；在味精中添加少许氯化钠会使鲜味更加突出。味的相乘作用又称为协同作用，是指两种或两种以上具有类似味感的物质同时进入口腔时，其味觉强度超过各种单独使用的味觉强度。例如，甘草酸的甜度是蔗糖的 50 倍，但与蔗糖同时使用时甜度可达到蔗糖的 100 倍。味的消杀作用又称为拮抗作用，是指一种物质能够减弱另外一种物质的味觉强度，产生抵消作用，如蔗糖与奎宁之间的相互作用。味的变调作用指两种或两种以上物质相互影响而导致其味感发生改变的现象。例如，刚吃完苦的东西喝水会感觉水是甜的。味的疲劳作用是指当长期受到某种物质的刺激后，就会出现调味剂阈值升高或感到刺激强度减小的现象。在利用调味剂对食品进行调味时，应该注意调味剂之间的相互作用。

酸味剂

酸味剂是能够赋予食品酸味的食品添加剂。是酸度调节剂的一种。酸味剂可分为有机酸和无机酸两大类。食品中天然存在的酸味剂主要是有机酸，如柠檬酸、酒石酸、苹果酸、乳酸、抗坏血酸、延胡索酸、葡萄糖酸等。无机酸主要有磷酸、盐酸、冰乙酸等。

酸味剂作为食品中的主要调味料，具有增进食欲、促进消化吸收的作用。另外，酸味剂还具有提高酸度防止食品腐败、复配使用改善食品风味、防止果蔬褐变、缓冲溶液、螯合金属离子等作用，具体如下：①赋予酸味，调和风味。酸味给人以爽快的刺激，酸味剂常与其他调味剂配合使用，以调节食品的口味，使食品具备最佳的风味和口感。如在果蔬加工时，糖酸比配合适当，可明显改善其风味并掩盖某些不良风味，还可改善杀菌条件，在食品生产工艺中发挥重要作用。某些酸味剂具有天然水果的香味，可作为香料辅助剂应用于调香。如酒石酸可以增强葡萄的香味，苹果酸可以增强许多水果和果酱的香味，磷酸可以增强可乐饮料的香味。②调节 pH，抑菌防腐。酸味剂可控制食品体系的酸碱性，使其达到适当的标准来稳定产品的质量。在一些糖酸型凝胶、果冻、软糖和果酱产品中，常添加一些酸味剂，使产品获得良好的黏弹性。微生物在低 pH 条件下难以维持生命活动，故酸味剂可以抑制微生物的繁殖，从而起防腐作用。一些酸黄瓜、酸白菜等酸渍食品即通过加入食醋防腐保鲜，增加风味。③防止氧化或褐变反应。大部分酸味剂具有金属螯合作用，能够与某些金属离子发生络合反应，降低金属离子的氧化催化作用，减缓食品的氧化速度。如柠檬酸能够增强抗氧化剂的抗氧化作用，延缓油脂酸败；通过加入酸味剂可降低果蔬 pH 值，起抑制褐变、护色的作用。另外，某些酸味剂具有还原性，如抗坏血酸在水果、蔬菜制品的加工中可以作为护色剂，在肉类加工产品中可作为护色助剂。

酸味剂作为重要的食品添加剂，广泛应用于食品工业。柠檬酸是食品工业中用量最大的酸味剂，是饮料、糖果及罐头中常用的食品添加剂。在有机酸市场中，柠檬酸市场占有率达 70% 以上。磷酸是美国饮料行业使用的第二大酸度调节剂，主要用于可乐类饮料中，可以和可乐型香精很好地混合。乳酸菌发酵产生大量乳酸，对于人类健康有一定的帮助（乳酸被美国食品药品监督局确认为安全优良的防腐剂和腌渍剂），可以用于清凉饮料、糖果、糕点的生产。

随着消费者对天然、健康、营养、安全的食品的需求，人们越来越广泛关注食品酸味剂的安全使用。因此，开发天然的食品酸味剂和确定其安全使用范围是今后研究酸味剂的主要方向。酸味剂的生产方法也从传统的提取法和化学合成法向天然、安全的生物发酵法、酶工程法等生物技术法发展。

甜味剂

甜味剂是赋予食品以甜味的食品添加剂。按照来源可分为天然甜味剂和人工合成甜味剂；按照营养价值可分为营养性甜味剂和非营养性甜味剂；按照化学结构和性质分为糖类甜味剂和非糖类甜味剂。糖类甜味剂如蔗糖、葡萄糖、果糖、麦芽糖、果葡糖浆等在中国通常称为糖，并被视为食品；低聚果糖、低聚异麦芽糖、低聚半乳糖等除具有一些甜度外，还具有一定生理活性，多归于食品配料，一般不作为食品添加剂管理；仅蔗糖、葡萄糖、果糖、麦芽糖、果葡糖浆等糖类和非糖类甜味剂作为食品添加剂管理。

一般用相对甜度来表示甜味剂的强度，简称甜度。甜度是甜味剂的重要指标，但不能用物理和化学方法测定，只能通过人的味觉品尝而确定。测定甜度的方法有两种：①将甜味剂配成可被感觉出甜味的最低浓度，即极限浓度，称极限浓度法。②将甜味剂配成与蔗糖浓度相同的溶液，然后以蔗糖溶液为标准比较该甜味剂的甜度，称相对甜度法。

甜味剂的优点包括：①甜度较高。②不参与机体代谢，不提供能量，尤其适合糖尿病人、肥胖人群和老年人等需要控制能量和碳水化合物摄入的特殊消费群体使用。③不是口腔微生物的作用底物，不会引起牙齿龋变。

食品的甜味是人们最喜爱的基本口感。甜味是调整和协调平衡风味、掩盖异味、增加适口性的重要因素。甜味剂不仅满足消费者对甜味、口感和风味等感官的需求，同时也满足很多食品生产工艺的需要。甜味剂是一类重要的食品添加剂，部分品种使用历史超过百年。合理使用甜味剂是安全的，但仍需高度关注甜味剂的超范围、超限量使用。世界范围内无糖、低糖食品和饮料产品的开发速度较快，甜味剂部分替代糖的摄入已是全球范围内的一种发展趋势。从长远来看，低热量、高甜度、功能性的非营养性天然甜味剂和复配甜味剂将是甜味剂发展的重要方向。

中国批准使用的甜味剂有赤藓糖醇（生产用菌株、解脂假丝酵母）、甘草、甘草酸胺、甘草酸一钾及三钾、D- 甘露糖醇、环己基氨基磺酸钙、环己基氨基磺酸钠（甜蜜素）、罗汉果甜苷、麦芽糖醇、木糖醇、乳糖醇、4-β-D- 吡喃半乳糖 -D- 山梨醇、山梨糖醇（液）、三氯蔗糖（蔗糖素）、糖精钠、天门冬酰苯丙氨酸甲酯（又名甜味素、阿斯巴甜）、L-α- 天冬氨酰 -N-（2,2,4,4- 四甲基 -3- 硫化三亚甲基）-D- 丙氨酰胺（阿力甜）、甜菊糖苷、异麦芽酮糖醇（氢化帕拉金糖）、乙酰磺胺酸钾（安赛蜜）等。

葡萄糖

葡萄糖是最常见的六碳单糖。分子式 $C_6H_{12}O_6$。又称右旋糖、血糖。因最初是从葡萄汁中分离结晶的而得名。是光合作用的产物。以游离或结合的形式，是生物界中最广泛存在的单糖。葡萄、无花果等甜果及蜂蜜中，游离的葡萄糖含量较多。

正常人空腹血浆中葡萄糖浓度为 3.4 ～ 5.6 毫摩 / 升（60 ～ 100 毫克 /100 毫升），尿中一般不含游离葡萄糖，糖尿病患者血浆中和尿中的含量变化较大。血液或尿中游离葡萄糖含量的测定，是临床常规检验的一个项目。更大量的存在形式是结合组成蔗糖、麦芽糖、乳糖、淀粉、糖原、纤维素、半纤维素和苷等。天然的葡萄糖，无论是游离的或是结合的，均属 D 构型，在水溶液中主要以吡喃式构型含氧环存在，为 α 和 β 两种构型的平衡态混合物。市售葡萄糖的分子式为 $C_6H_{12}O_6 \cdot H_2O$，为无色粒状晶体，全称 α-D- 葡萄吡喃糖 - 水合物。

◆ **性质**

α- 葡萄糖的熔点 146℃，其一水合物熔点 83℃；β- 葡萄糖熔点 148 ～ 155℃。葡萄糖易溶于水，在室温下，饱和水溶液含有 51.3%（重量）的葡萄糖；在有机溶剂中，甚至在乙醇中的溶解度很小。当 α- 葡萄糖溶解在水中时，能部分转化为它的异构体 β- 葡萄糖，达成平衡，平衡混合物的组成为 α ∶ β=37 ∶ 63，比旋光度从开始的 +112.2 下降到平衡值 +52.7。当 β- 葡萄糖溶解在水中时，比旋光度由 +18.7 逐渐上升到同一的平衡值。

D- 葡萄糖具有一般醛糖的化学性质：在氧化剂作用下，生成葡萄糖酸、葡萄糖二酸或葡萄糖醛酸；在还原剂作用下，生成葡萄糖醇（又称山梨糖醇）。葡萄糖在酸中比较稳定，但容易被碱降解。在弱碱作用下，葡萄糖可与另两种结构相近的六碳糖——果糖和甘露糖——三者之间通过烯醇式相互转化。

葡萄糖能还原费林试剂和次碘酸盐，这两个反应可以用来测定葡萄糖的含量。葡萄糖还可与苯肼结合，生成葡萄糖脎，后者在结晶形状和熔点方面都与其他糖脎不同，可作为鉴定葡萄糖的手段。

◆ **制法**

葡萄糖过去用 0.25% ～ 0.5% 稀盐酸在 100℃ 水解玉米或马铃薯淀粉制备，现几乎完全由酶水解代替。在淀粉糖化酶的作用下，水解的水溶液中葡萄糖含量可达 90%。在低于 50℃ 时，结晶生成 α- 葡萄糖 - 水合物；在 50℃ 以上的温度下，结晶生成无水的 α- 葡萄糖；当温度超过 115℃ 时，结晶生成无水的 β- 葡萄糖。

◆ **应用**

葡萄糖在人体内直接进入代谢过程。在消化道中，葡萄糖比任何其他单糖都更容易被吸收，并能直接为组织利用。葡萄糖是生物体内广泛的能量来源，人和动物需要的能量的 50% 来自葡萄糖，每克葡萄糖代谢为二氧化碳和水并释出 16 千焦热能，以腺苷三磷酸形式储存起来，供生长、运动等生命活动之需。

葡萄糖的甜味约为蔗糖的 3/4，主要用于食品工业，如糖果、面包、酿酒等，用于患者输液的葡萄糖也占很大的比重。葡萄糖可还原为葡萄糖醇，用于维生素 C 的合成和氧化为葡萄糖酸，后者的钙盐在医药上提供钙离子；葡萄糖酸进一步氧化生成阿拉伯糖酸，用于维生素 B_2 的合成。

果　糖

果糖是一种六碳糖。主要存在于果实中。果糖和葡萄糖是同分异构体，分子式为 $C_6H_{12}O_6$，葡萄糖为醛己糖，果糖为酮己糖，通过异构化能互相转变。果糖是糖类中较甜的糖，其甜度是蔗糖的 1.5 倍、葡萄糖的 2 倍。

工业化生产果糖以淀粉为原料，经 α- 淀粉酶液化成糊精，由糖化酶将糊精转化成葡萄糖，通过葡萄糖异构酶等生产工艺将葡萄糖的一部分转化成果糖，成为含有果糖和葡萄糖的混合糖浆（简称果葡糖浆）。按果糖含量，果葡糖浆分为三类：第一代果葡糖浆（F42 型）含果糖42%；第二代果葡糖浆（F55 型）含果糖 55%；第三代果葡糖浆（F90型）含果糖 90%。不同果糖含量的果葡糖浆的生产工序包括：淀粉液化、糖化、脱色过滤、离子交换、异构化、脱色过滤、离子交换、浓缩（得到 42% 果葡糖浆）、吸附分离（得到 90% 纯果糖浆）、结晶分离（得到 55% 果葡糖浆）。

果糖被预测为 21 世纪全球代替蔗糖、葡萄糖的新型功能性糖源。许多国家利用果糖来制造低能量食品、婴儿食品、病弱者食品等营养食品和疗效食品。果糖用于口服或注射，对许多疾病都有较好的疗效，如肝炎、肝硬化、糖尿病、心血管疾病及作为中毒症的解毒剂等。但由于果糖的长期健康风险问题，未来食品和饮料中对果糖的需求会逐步减少，或减少使用玉米生产的果糖，增加其他来源（如水果和蔬菜）的天然甜味剂的使用。

麦芽糖

麦芽糖是由两分子葡萄糖通过 α-1,4 葡萄糖苷键所构成的双糖。化学名称是 4–O–α–D– 六环葡萄糖基 –D– 六环葡萄糖（分子式 $C_{12}H_{22}O_{11}$）。由于羟基位置不同而有两种异构体。

麦芽糖的甜度为蔗糖的 40%，物理性质与蔗糖大致相同。麦芽糖的吸湿性低，含一分子结晶水的麦芽糖非常稳定，在 120～130℃熔融，适于在食品的表面挂糖衣。用于食品加工的麦芽糖产品有浆状和粉状两种剂型。

麦芽糖浆一般含麦芽糖 50% 左右，而将麦芽糖含量在 50%～70% 的产品称为高麦芽糖浆，将麦芽糖含量超过 70% 的产品称为超高麦芽糖浆。如要制成麦芽糖含量 90% 以上的麦芽糖全粉，可用含麦芽糖 70% 以上的超高麦芽糖浆经真空浓缩、结晶、喷雾干燥制成。纯麦芽糖可用含麦芽糖 80%～90% 的超高麦芽糖浆，选择结晶或吸附、有机溶剂沉淀、膜分离等方法来制造。医学上，用纯麦芽糖做静脉滴注不易引起血糖升高。高麦芽糖浆的制造在切枝酶（普鲁兰酶、异淀粉酶）未生产之前，是用酒精将饴糖中的糊精沉淀出来，反复精制而成，收率低，价格较高；自切枝酶投产后，生产中采用普鲁兰酶与 β- 淀粉酶协同作用的新工艺，淀粉水解完全，可得到含麦芽糖 90% 的超高麦芽糖浆，是制造硬糖果的优质原料。

果葡糖浆

果葡糖浆是以淀粉为原料，利用酶法对淀粉依次进行液化、糖化和异构化所制得的由葡萄糖和果糖组成的混合糖糖浆。

国际上根据混合糖糖浆中的果糖含量，将其分为果葡糖浆（F42 型，果糖含量42%）、高果葡糖浆（F55型，果糖含量55%）和高纯果葡糖浆（F90型，果糖含量90%）三类。

果葡糖浆作为一种可以完全取代蔗糖的甜味剂，具有优良的感官性能、物理性能、化学性能和生物性能。

①感官性能。果葡糖浆中含有较多果糖（42%～90%），具有与蔗糖相似的甜度。低温环境下，β型果糖会转化成甜度更高的α型果糖，因此，果葡糖浆具有较强的冷甜特性。

②物理性能。果葡糖浆可以通过构建高糖环境，在果酱、蜜饯类等需要依靠高糖环境抑菌保藏的食品生产中大量使用。果葡糖浆中果糖的不定形结构使其很容易从空气中吸收水分，使果葡糖浆具有较好的持水能力，用于面包生产可使面包保持松软，并延长产品的货架期。此外，果葡糖浆还具有一定的抗结晶性能。

③化学性能。果葡糖浆中的果糖是一种还原糖，具有一定的还原性能，较葡萄糖受热更易分解，发生美拉德反应，赋予食品独特的颜色与风味，广泛应用于酸性饮品生产。

④生物性能。果葡糖浆中的果糖作为单糖，相较于蔗糖，可以直接被酵母菌发酵利用，发酵速度快，可以提高面包等需酵母发酵食品的产品质量与生产效率。

糖　精

糖精是一种高甜度的非营养性食品添加剂。糖精、糖精胺、糖精钙、糖精钾和糖精钠均为通用名称。化学名邻苯甲酰磺酰亚胺。

可分为水不溶性和水溶性两种形式。水不溶性糖精的化学名称为邻苯甲酰磺酰亚胺，相对分子量183.18，熔点228.8～229.7℃，微溶于水、乙醚和氯仿，溶于乙醇、乙酸乙酯、苯和丙酮。水溶性糖精为其钠盐，化学名称为邻苯甲酰磺酰亚胺钠，是常用的甜味剂，分子式为 $C_6H_4SO_2NNaCO \cdot 2H_2O$，分子量为241.2，无色至白色正交晶系板状结晶或白色结晶性风化粉末，熔点226～230℃，易溶于水。低浓度糖精钠味甜，浓度大于0.026%则味苦，在稀溶液中的甜度可高达蔗糖的500倍。耐热及耐碱性弱，溶液煮沸可分解使甜味减弱，酸性条件下加热甜味消失，并可形成苦味的邻氨基磺酰苯甲酸。

糖精主要由甲苯、氯磺酸、邻甲苯胺等化工原料人工合成制得。在中国允许作为食品甜味剂、增味剂。允许应用的食品名称及最大使用量（克/千克，以糖精汁）分别为：冷冻饮品但不包括食用冰（0.15），杬果干、无花果干（5.0），果酱（0.2），蜜饯凉果（1.0），凉果类（5.0），话化类（5.0），果糕类（5.0），腌渍的蔬菜（0.15），新型豆制品（1.0），熟制豆类（1.0），带壳熟制坚果与籽类（1.2），脱壳熟制坚果与籽类（1.0），复合调味料（0.15），配制酒（0.15）。由于糖精钠安全性一直存在争议，在欧美国家的使用量不断减少，中国也采取相应政策减少糖精钠的使用，并规定不允许在婴儿食品中使用。其每日允许摄入量为0～5毫克/千克体重。

甜蜜素

甜蜜素是由氨基磺酸与环己胺及NaOH反应而制成的低热值新型

甜味剂。又称浓缩糖或甜素。化学名称为环己基氨基磺酸钠，分子式 $C_6H_{12}NNaO_3S \cdot nH_2O$（无水型，$n=0$，相对分子质量201.22；结晶型，$n=2$，相对分子质量237.25），是环氨酸盐类甜味剂的代表，甜度约为蔗糖的50倍。为白色针状、片状结晶或结晶状粉末，熔点265℃，水溶性 $\geqslant$ 100g/L（20℃），几乎不溶于乙醇、乙醚、苯和氯仿，对热、光和空气稳定。加热后略有苦味，分解温度约为280℃，不发生焦糖化反应。甜味呈现较慢，但持续时间长，甜味较纯正，可替代蔗糖或与蔗糖混合使用。也可以和糖精混合使用，以掩蔽糖精的不良味觉，与糖精的使用比例为10∶1时产品风味效果较好。

甜蜜素是一种非营养性合成甜味剂，一般认为过量使用可能影响健康，美国、英国、日本、加拿大等国家禁止将其用作食品添加剂。中国允许甜蜜素作为甜味剂使用，但是有严格限量要求，GB 2760—2014《食品安全国家标准 食品添加剂使用标准》中对甜蜜素的使用范围和最大添加量（按以环己基氨基磺酸计）有明确规定：可用于冷冻饮品（食用冰不能使用）、水果罐头、腐乳类、饼干、复合调味料、饮料类（包装饮用水不能使用）、配制酒和果冻，最大使用量为0.65克/千克；可用于果酱、蜜饯凉果、腌渍的蔬菜和熟制豆类，最大使用量为1.0克/千克；可用于脱壳熟制坚果与籽类，最大使用量为1.2克/千克；可用于面包和糕点，最大使用量为1.6克/千克；可用于凉果类、话化类和果糕类，最大使用量为8.0克/千克。其每日允许摄入量为0～11毫克/千克体重。

乙酰磺胺酸钾

乙酰磺胺酸钾是由异氰酸氟磺酰或异氰酸氯磺酰与各种活性亚甲基化合物（包括 α- 未取代酮、β- 二酮、β- 酮酸和 β- 酮酯等）加工而成的食品添加剂。又称安赛蜜。分子式 $C_4H_4SKNO_4$，相对分子质量 201.24。乙酰磺胺酸钾为无色或白色、无臭、有强烈甜味的结晶性粉末，易溶于水，难溶于乙醇等有机溶剂。甜度约为蔗糖的 200 倍，是一种非营养性合成甜味剂。稳定性高，耐光，耐热。

1967 年由德国赫斯特公司发明，1983 年被英国批准作为甜味剂，中国于 1992 年批准使用。现有研究表明，按照标准规定合理使用不会对人体健康造成危害。GB 2760—2014《食品安全国家标准 食品添加剂使用标准》对乙酰磺胺酸钾的使用范围和最大添加量有明确规定：可用于风味发酵乳，最大使用量为 0.35 克 / 千克；可用于胶基糖果，最大使用量为 4.0 克 / 千克；可用于熟制坚果与籽类，最大使用量为 3.0 克 / 千克；可用于糖果，最大使用量为 2.0 克 / 千克；可用于餐桌甜味料，最大使用量为 0.04 克 / 份；可用于酱油，最大使用量为 1.0 克 / 千克；可用于乳基甜品罐头、冷冻饮品（饮用冰除外）、水果罐头、果酱、蜜饯类、腌制的蔬菜、加工食用菌和藻类、杂粮罐头、黑芝麻糊、谷类甜品罐头和烘焙食品，最大使用量为 0.3 克 / 千克。每日允许摄入量为 0 ～ 15 毫克 / 千克体重。

甜菊糖苷

甜菊糖苷是从甜叶菊的叶、茎中提取的分子，其中一部分连着一个糖类部位。又称甜菊苷。甜菊糖苷为白色至浅黄色粉末或晶体状形态，易吸湿，易溶于水、乙醇和甲醇，不溶于苯、醚、氯仿等有机溶剂，对热、酸、碱、盐稳定。为非发酵性物质，不会使食品着色。

甜菊糖苷有清凉甜味，甜度为蔗糖的 250～450 倍，是天然甜味剂中最接近蔗糖的一种。甜味纯正，存留时间长，有轻快凉爽感，浓度高时带有轻微的类似薄荷醇的苦味及一定程度的涩味。一般条件下，在 pH 大于 9 或小于 3 时加热会分解，甜度下降。对其他甜味剂有增强和改善作用，如可增强甘草素或蔗糖的甜味。食用后不被人体吸收，不产生热量，故可作为糖尿病、肥胖病患者良好的非糖天然甜味剂。中国 GB 2760—2014《食品安全国家标准 食品添加剂使用标准》规定：甜菊糖苷可作为甜味剂用于风味发酵乳，最大使用量为 0.2 克 / 千克（以甜菊醇当量计，下同）；可用于冷冻饮品（食用冰除外），最大使用量为 0.5 克 / 千克；可用于蜜饯凉果，最大使用量为 3.3 克 / 千克；可用于熟制坚果与籽类，最大使用量为 1.0 克 / 千克；可用于糖果，最大使用量为 3.5 克 / 千克；可用于糕点，最大使用量为 0.33 克 / 千克；可用于餐桌甜味料，最大使用量为 0.05 克 / 份；可用于调味品，最大使用量为 0.35 克 / 千克；可用于饮料（包装饮用水除外），最大使用量为 0.2 克 / 千克（固体饮料按稀释倍数增加使用量）；可用于果冻，最大使用量为 0.5 克 / 千克（果冻粉按冲调倍数增加使用量）；可用于膨化食品，最大使用量为 0.17 克 / 千克；可用于茶制品（包括调味茶和代用茶类），最大使用量 10.0 克 / 千克。

甘草素

甘草素是从甘草中提取、精制得到的甜味剂。又称甘草甜素、甘草酸。甘草素是由甘草酸与两个分子葡萄糖醛酸组成的糖苷。甘草素为白色结晶性粉末，味甜，难溶于水和稀乙醇，易溶于热水，水溶液呈弱酸性，冷却后呈黏稠状胶冻。

甜度约为蔗糖的 200 倍。与蔗糖等甜味剂不同，甘草素入口后需略过片刻才有甜味感，但留存时间长，且无余酸味。少量甘草素添加到蔗糖中可减少 20% 蔗糖而甜度不变。与蔗糖、糖精复配甜味更好，添加少量柠檬酸效果更佳。无香气，但有增香功能。微生物不可利用甘草素，在腌制食品中用甘草素代替蔗糖可避免添加蔗糖引起的微生物发酵、变色、硬化等现象。

甘草作为中国传统使用的调味料和中草药，长期使用未发现毒副作用。氨水提取甘草素后加铵盐精制可得到甘草酸铵。甘草素与钾碱作用可制得甘草酸钾盐，依加碱量不同，可得到甘草酸一钾和甘草酸三钾。甘草酸铵、甘草酸一钾、甘草酸三钾都具有甜味，是中国允许使用的甜味剂，三者均可按照生产需要适量用于蜜饯凉果、糖果、饼干、肉罐头类、调味品、饮料类（包装饮用水除外）。

蔗　糖

蔗糖是由葡萄糖的半缩醛羟基和果糖的半缩酮羟基缩合脱水而成。二糖的一种。蔗糖为无色晶体，具有旋光性，但在溶液中不发生变旋现象，也不发生银镜反应。蔗糖高温下不熔化，加热到 186℃ 发生分解得到焦糖，通过发酵过程得到的焦糖可以用作酱油的增色剂。蔗糖能燃烧，燃烧产物为水和二氧化碳。

蔗糖在水溶液中能发生水解，得到葡萄糖和果糖，但水解速率非常缓慢，在酸性水溶液中水解速率加快，在蔗糖酶的作用下，蔗糖的水解速率大大加快。进入胃部的蔗糖能在胃酸的作用下发生水解，释放出能被人体吸收的葡萄糖和果糖。

蔗糖具有甜味，广泛地被用作食物甜味剂，也能用作防腐剂，在食品工业中具有重要地位。蔗糖主要从自然界中分离得到，尤其以甘蔗和甜菜作为主要来源，是植物光合作用的产物。

三氯蔗糖

三氯蔗糖是蔗糖分子上的 4-、1-、6- 位羟基被氯原子取代制得的化合物。又称蔗糖素、蔗糖精。化学名称为 4,1,6- 三氯 -4,1,6- 三脱氧半乳型蔗糖，分子式为 $C_{12}H_{19}O_8Cl_3$，相对分子质量 397.64。三氯蔗糖通常为白色粉末状产品，极易溶于水和乙醇，且溶液热稳定性好。性质稳定，化学稳定性高。甜味特性十分类似蔗糖，甜味纯正，但甜度为蔗糖的 600 倍，是世界公认的强力甜味剂。

三氯蔗糖是唯一以蔗糖为原料生产的功能性甜味剂。不被人体吸收、无热量、不会引起龋齿。

针对三氯蔗糖的安全性也存在一定争议，但并没有强有力的证据表明其具有致癌性，世界上许多发达国家和发展中国家都批准其使用，中国于 1997 年正式批准使用。中国 GB 2760—2014《食品安全国家标准 食品添加剂使用标准》规定，三氯蔗糖作为甜味剂可用于调制乳、风味发酵乳、调制乳粉和调制奶油粉、冷冻饮品（食用冰除外）、水果干、水果罐头、果酱、蜜饯凉果、酱及酱制品等多类食品中，但最大允许使用量有严格限制。每日允许摄入量为 0 ～ 15 毫克 / 千克体重。

阿斯巴甜

阿斯巴甜是由 L- 丙苯氨酸、L- 天冬氨酸等反应制得的食品添加剂。又称天门冬酰苯丙氨酸甲酯。化学名称为 L- 天门冬酰 -L- 苯丙氨酸甲酯。分子式为 $C_{14}H_{18}N_2O_5$，相对分子质量为 294.31。阿斯巴甜常温下为白色结晶颗粒或粉末，微溶于水和乙醇。阿斯巴甜的稳定性随温度升高而降低，pH 对阿斯巴甜的稳定性影响也较大，强酸或强碱都不利于其稳定。

1965 年，一位美国化学家偶然发现阿斯巴甜具有甜味。其甜味与蔗糖有所不同，可持续较长时间。通过与其他甜味剂复配，可获得与蔗糖更接近的口感。阿斯巴甜的甜度约为蔗糖的 200 倍，因其甜度高、热量低，被作为代糖品广泛应用于乳制品、糖果、饮料、含片、口香糖等食品中。阿斯巴甜在高温条件下会分解而失去甜味，不适用于高温烘焙和烹制的食品。

阿斯巴甜在体内可迅速代谢为天冬氨酸、苯丙氨酸和甲醇。因其代谢产物甲醇及苯丙氨酸具有毒性，阿斯巴甜的安全性一直存在争议，但通常食品中阿斯巴甜的用量极低，因此在许多国家被允许使用。中国在

GB 2760—2014《食品安全国家标准 食品添加剂使用标准》中要求添加阿斯巴甜的食品应标明"阿斯巴甜（含苯丙氨酸）"，每日允许摄入量为 0 ～ 40 毫克 / 千克体重。

果 冻

果冻是由果冻胶、甜味剂、增稠剂和香精等加工而成的胶冻食品。

根据添加剂的不同可以分为不同的口味，包括黄桃蜜桃果肉果冻、香橙味果冻、蜜橘果肉果冻、蓝莓果肉果冻、果汁果冻、葡萄风味果冻、凤梨味果冻、杧果味布丁、芦荟荔枝味椰果果冻、荔枝味布丁、苹果风味果冻、什锦味果冻等。

将一种或多种水果煮沸后压榨取汁、过滤、澄清，加入砂糖、果胶、柠檬酸或苹果酸、香精等配料，加热浓缩至可溶性固形物65% ～ 70%，装玻璃瓶或马口铁罐制成。制造果冻的理想水果含有足够多的果胶和酸，如苹果、不过熟的酸苹果、柑橘、葡萄、酸樱桃等。用一些含酸和果胶量低的水果制造果冻，可外加酸或果胶进行调整。根据配料及产品要求不同，果胶可分为以下 3 种。纯果冻，采用一种或数种果汁混合，加入砂糖或柠檬酸等配料加热浓缩制成；果胶果冻，用水、果酸（柠檬酸、苹果酸等）、砂糖、香精、色素等按比例配合制成；果胶果实果冻，由果胶果冻和果实果冻混合制成。制造果冻需用果胶、糖、酸和水 4 种基本物质。当果胶、糖、酸在水中达到适合的浓度时，便形成果冻。果冻凝胶结构的连续性受果胶浓度的影响，而其硬度则受酸度和糖浓度的影响。形成凝胶所需要的果胶量与果胶的类型有关，通常以略低于 1% 的用量为宜；形成凝胶的最适 pH 接近于 3.2。当 pH ＜ 3.2 时，凝胶强度缓慢下降；pH ＞ 3.5 时，一般不会形成凝胶。最合适的糖浓度含量为 67.5%；糖浓度太高，会产生有黏性的凝胶。

加工果冻时，煮沸水果的目的在于最大限度地抽提出果胶、果汁和有水果特征的香味物质。在煮沸抽提过程中，果胶水解酶被破坏。接着用粗滤或压榨从果浆中压出煮沸的果汁，对滤饼可加水进行第二次煮沸并榨汁。过滤除去榨出汁中的悬浮固体。果汁浓缩是制备果冻的重要步骤之一，必须迅速将果胶、糖、酸系统浓缩到凝胶的临界点。延长浓缩时间不仅引起果胶水解和增加酸的蒸发，还会造成香味和颜色的变化。真空浓缩较常压能改进果冻的质量。已发展出连续制造果冻的生产线。如需要将果肉悬浮在凝胶之中，可加入能迅速凝固的果胶。浓缩好的物料趁热装入已消毒的容器中，随即密封，一般不需进一步杀菌。

乳酸饮料

乳酸饮料是在乳或乳制品的基础上添加其他成分的含乳饮料。又称乳（奶）饮料、乳（奶）饮品。

含乳饮料可分为配制型和发酵型。配制型含乳饮料以乳或乳制品为原料，加入水，以及白砂糖和（或）甜味剂、酸味剂、果汁、茶、咖啡、植物提取液等的一种或几种调制而成。

发酵型含乳饮料以乳或乳制品为原料，经乳酸菌等有益菌培养发酵制得的乳液中加入水，以及白砂糖和（或）甜味剂、酸味剂、果汁、茶、咖啡、植物提取液等的一种或几种调制而成，又称酸乳（奶）饮料、酸乳（奶）饮品，如乳酸菌饮料。根据是否经过杀菌处理，又可将其分为杀菌（非活菌）型和未杀菌（活菌）型。

优酸乳添加的维生素 A 和维生素 D 可提高免疫力，帮助更好地吸收钙质；铁和锌可促进营养均衡吸收，有助健康成长；牛磺酸可促进营养物质的吸收；等等。优酸乳并非发酵型酸奶，而是含奶饮料，牛奶含量较少，只含三分之一鲜牛奶，配以水、甜味剂、果味剂等，所以蛋白质含量只有不到 1%，营养价值低于酸奶。

鲜味剂

鲜味剂是补充或增强食品原有风味的食品添加剂。又称增味剂、风味增强剂。鲜味剂对蔬菜、肉、禽、乳类、水产类乃至酒类都起着良好的增味作用。食品鲜味剂应同时具有 3 种呈味特性：①本身具有鲜味而且呈味阈值较低，即在较低的浓度下即可刺激感官而显示出鲜美的味道。②对食品原有的味道没有影响，即不会影响酸、甜、苦、咸等基本味道对感官的刺激效果。③能够补充和增强食品原有的风味，产生一种令人满意的鲜美味道，尤其在有食盐存在的咸味食品中具有更显著的增味效果。根据化学成分的不同，鲜味剂可分为氨基酸类、核苷酸类、有机酸类和蛋白类等。

氨基酸类鲜味剂主要有L-谷氨酸钠、L-丙氨酸、L-天门冬氨酸钠、甘氨酸等。其中L-谷氨酸钠是中国食品行业中应用最广泛的鲜味剂，俗称味精。然而，很多国家并不将 L- 谷氨酸钠列为食品添加剂。核苷酸类鲜味剂主要有 5′- 次黄嘌呤核苷酸二钠（肌苷酸，5′-IMP）和 5′-鸟嘌呤核苷酸二钠（鸟苷酸，5′-GMP）。作为鲜味剂，它们的鲜味比 L- 谷氨酸钠强，其中 5′-GMP 的鲜味比 5′-IMP 更强。有机酸类鲜味剂主要有琥珀酸（学名为 1, 4- 丁二酸）及其钠盐，是贝类、虾、蟹等海产品中的鲜味来源。蛋白类鲜味剂主要有动物水解蛋白、植物水解蛋白、酵母抽提物等。蛋白类鲜味剂可以增强食品的鲜美味，呈味力强，含有人体不可缺少的 8 种必需氨基酸，能增强食品的营养成分，抑制食品中的不良风味。

　　使用鲜味剂时必须注意其稳定性，包括热稳定性、pH 稳定性和化学稳定性。食品在烹调和加工过程中经常需要加热，所以要了解鲜味剂的热稳定性，以免其遭到破坏而影响使用效果。如谷氨酸钠在高温下会生成焦谷氨酸钠，应用时要避免在高温条件下长时间加热。有些鲜味剂如 5′-IMP 和 5′-GMP 等在 pH 值较低时易分解破坏，影响其增味效果，故不能在酸性强的食品中使用。此外，在某些条件下，鲜味剂会与其他物质发生化学反应从而影响鲜味剂的效果。如谷氨酸钠和天门冬氨酸钠在锌离子等存在的条件下，会发生反应生成难溶解的盐类，影响使用效果；而 5′-IMP 和 5′-GMP 在磷酸酯酶的作用下发生水解生成没有增味作用的肌苷或鸟苷，故核苷酸类鲜味剂不宜直接用于生鲜食品中，一般须将食品在 85℃ 下加热使磷酸酯酶失活方能使用。各种食品鲜味剂都可单独用于食品的烹调和加工，也可以与其他物质配合使用以增强效果。研究表明，适宜的不同食品鲜味剂复合具有协同增效效果。如在普通味精中加入约 5% 的 5′-IMP 或 5′-GMP，其鲜味能增强几倍到十几倍；而核苷酸二钠 I+G（5′-IMP + 5′-GMP）是强力助鲜剂，是新一代的食品增味剂。由此可见，复合型鲜味剂是开发新型鲜味剂的重要方向。

L- 谷氨酸钠

L- 谷氨酸钠易溶于水，无臭，具有特殊的鲜味，可增加食品的风味，是味精的主要成分，又称 L- 谷氨酸一钠、L- 氨基戊二酸钠，含有一分子结合水，分子式为 $C_5H_8NO_4Na \cdot H_2O$，相对分子量 187.13。

L- 谷氨酸钠的生产方法有化学水解法、司蒂芬废液提取法、合成法和发酵法 4 种，国际上基本都采用发酵法生产，即以碳水化合物（淀粉、大米、糖蜜等）为原料，经微生物发酵、提取、中和、结晶制成白色结晶或粉末。L- 谷氨酸钠的鲜味阈值为 0.012 克 /100 毫升，在 pH3.2（等电点）时鲜味最低，在 pH6 时鲜味最高，当 pH＞7 时因形成谷氨酸二钠而鲜味消失。谷氨酸或谷氨酸钠水溶液经高温（＞120℃）长时间加热，分子内脱水，生成焦谷氨酸，失去鲜味。食盐可增强 L- 谷氨酸钠的鲜味，L- 谷氨酸钠与 5′- 肌苷酸钠或 5′- 鸟苷酸钠按不同比例混合可制成比味精鲜味高几倍的特鲜味精或强力味精。此外，L- 谷氨酸钠还可作为基料添加动物与植物的风味成分制成多种复合调味料，如鸡精、牛肉精、蘑菇精等。联合国粮食及农业组织和世界卫生组织食品添加剂专家委员会认为，味精作为风味增强剂，食用是安全的，对每日的允许摄入量无须规定。

5′-肌苷酸二钠

5′-肌苷酸二钠是具有特殊鲜味的核酸类增味剂。又称肌酸磷酸二钠、肌苷5′-磷酸二钠。5′-肌苷酸二钠为无色至白色结晶或结晶性粉末，平均含有7.5个分子结晶水，稍有吸湿性。易溶于水，微溶于乙醇，不溶于乙醚，无臭，对酸、碱、盐和热均稳定，但在酸性溶液中加热易分解。可由酵母所得核酸经水解或发酵法制得。用于肉、禽、鱼等动物性原料或蔬菜、酱等植物性原料可增强原料的天然香味和鲜味。可使食品中酸、苦、咸、辣等基本味更加柔和，对腥味、焦味等异味有消杀作用。通常不单独使用，多与谷氨酸钠复配使用，二者具有协同增效作用。与谷氨酸钠混合，可制成比味精鲜味高几倍的"特鲜味精"或"强力味精"（第二代味精）；与5′-鸟苷酸钠1∶1比例混合制成的呈味核苷酸二钠是一种强力助鲜剂，是新一代的食品增味剂。中国 GB 2760—2014《食品安全国家标准 食品添加剂使用标准》规定，5′-肌苷酸二钠可在各类食品中按生产需要适量使用。但5′-肌苷酸二钠可被动植物组织中的磷酸酶分解，故使用前应加热使食物中的磷酸酶钝化，或使用包埋技术保护其不被酶解，从而发挥其呈味作用。5′-肌苷酸二钠的每日允许摄入量没有限制，且美国食品药品监督管理局认定5′-肌苷酸二钠为一般公认安全物质。

5′–鸟苷酸钠

5′–鸟苷酸钠又称 5′–鸟苷酸二钠、鸟苷-5′–磷酸钠、鸟苷酸二钠，为无色、白色结晶或结晶性粉末，通常含 7 个分子结晶水，具有很强的吸湿性，无臭，易溶于水，微溶于乙醇，难溶于乙醚。在普通加工条件下，5′–鸟苷酸二钠对酸、碱、盐和热均稳定，但在酸性溶液中高温时易分解。是一种核酸类增味剂，其呈味性质与 5′–肌苷酸二钠相似，但鲜味是 5′–肌苷酸钠的 3 倍以上。

5′–鸟苷酸钠可由酵母所得核酸经水解或发酵法制得。几乎不单独使用，常与其他调味剂并用。与谷氨酸钠具有协同增效作用，与谷氨酸钠混合可制成比味精鲜味高几倍的"特鲜味精"或"强力味精"（第二代味精）；与 5′–肌苷酸二钠 1∶1 比例混合可制成强力助鲜剂，即呈味核苷酸二钠。5′–鸟苷酸钠可被动植物组织中的磷酸酶酶解，故使用前应加热使食物中的磷酸酶钝化，或使用包埋技术保护 5′–鸟苷酸钠不被酶解。中国 GB 2760—2014《食品安全国家标准 食品添加剂使用标准》规定，5′–鸟苷酸钠可在各类食品中按生产需要适量使用。5′–鸟苷酸钠的每日允许摄入量没有限制，美国食品药品监督管理局将其认定一般安全物质。

琥珀酸二钠

琥珀酸二钠通常以琥珀酸为主要原料，经中和、干燥等工艺制得。又称干贝素，别名琥珀酸钠、丁二酸钠。分子式 $C_4H_4Na_2O_4$，相对分子质量 162.05；六水琥珀酸二钠（又称结晶琥珀酸二钠）分子式为 $C_4H_4Na_2O_4 \cdot 6H_2O$，相对分子质量 270.14。无水琥珀酸二钠为无色至白色结晶性粉末，在空气中稳定，易溶于水、不溶于乙醇。无臭，无酸味，味觉阈值为 0.03%。无水琥珀酸二钠的鲜度约为结晶琥珀酸二钠的 1.5 倍。

　　琥珀酸二钠具有鲜味，天然存在于贝类、虾、蟹等海产品中，对这些产品的鲜味起重要作用。琥珀酸二钠在口腔中的主要受体部位是舌的中端和两腭，鲜味主要作用在口腔的中段，是鲜味和谐过渡的纽带，使各部分风味协调统一。琥珀酸二钠可单独使用，与味精、呈味核苷酸二钠等鲜味剂混用可起鲜味增倍的效果。作为食品增味剂，琥珀酸二钠在肉制品、水产品、酿造食品（如酱、酱油、黄酒等调味料）中应用广泛。中国 GB 2760—2014《食品安全国家标准 食品添加剂使用标准》规定，琥珀酸二钠作为增味剂在调味品中的最大使用量为 20 克 / 千克。美国食品药品监督管理局认定琥珀酸二钠为一般公认的安全类添加剂。

食品增稠剂

　　食品增稠剂可提高食品的黏稠度或形成凝胶，从而改变食品的物理性状，赋予食品黏润、适宜的口感，并兼具乳化、稳定或使呈悬浮状态。

　　食品增稠剂按来源可将其分为动物来源、微生物来源、植物来源、海藻类来源和以天然物质为原料半合成的增稠剂。动物来源的增稠剂有明胶、酪蛋白、酪蛋白酸钠、壳聚糖、乳清蛋白粉等，其中明胶、酪蛋白、酪蛋白酸钠、乳清蛋白等属于蛋白质亲水胶体。由于原料的限制，动物原料提取的增稠剂在数量和应用上弱于微生物来源和植物来源的增稠剂。微生物来源的增稠剂为微生物代谢产生的多糖，主要有黄原胶、结冷胶、普鲁兰、凝结多糖和葡聚糖等，微生物发酵是此类食品增稠剂的主要制备方式之一。植物来源的增稠剂主要有槐豆胶、瓜尔胶、阿拉伯胶、罗望子胶、刺梧桐胶、果胶等。海藻类来源的增稠剂主要有琼脂胶、卡拉胶和海藻酸钠等。以天然物质为原料半合成的增稠剂主要有纤维素衍生物、改性淀粉，如羧甲基纤维素钠、磷酸化二淀粉磷酸酯等。

食品增稠剂在食品加工中有增稠、胶凝、稳定乳化悬浮液、保水等作用，在保持食品的色、香、味、结构和相对稳定性等方面具有重要作用。具体如下：①增稠、分散和稳定作用。食品增稠剂都是水溶性高分子，溶于水中有较大的黏度，使体系具有稠厚感。体系黏度增加后，体系中的分散相不容易聚集和凝聚，从而使分散体系稳定。因此，增稠剂可使食品、饮料更趋于稳定状态，减少变质或破损，如防止饮料分层或沉淀。此外，增稠剂大多具有表面活性，可以吸附于分散相的表面，使其具有一定的亲水性而易于在水体系中分散。因此，增稠剂可以提高泡沫量及泡沫的稳定性，如啤酒泡沫及瓶壁产生"连鬃"均是使用了增稠剂的缘故。②胶凝作用。有些增稠剂，如明胶、琼脂等溶液在高温时为黏稠流体，当温度降低时，分子连接成网状结构，溶剂和其他分散介质全部被包含在网状结构之中，整个体系形成了没有流动性的半固体，即形成凝胶，从而赋予食品黏滑、适宜的口感。果冻、奶冻等食品的制作就依赖于增稠剂的胶凝作用。③凝聚澄清作用。增稠剂为高分子物质，在一定条件下，可以同时吸附于多个分散介质体上使其凝聚，从而达到净化目的。如在果汁中加入少量明胶就可使果汁澄清。④保水作用。持水性增稠剂都是亲水性高分子，本身有较强的吸水性，加入食品后可使食品保持一定的水分含量，从而使产品保持良好的口感。该特性在肉制品、面包糕点等食品中具有广泛的应用。⑤控制结晶。增稠剂可赋予食品以较高的黏度，从而使体系不易结晶或使结晶细小，可用于冰激凌等冷冻食品的生产。⑥成膜、保鲜作用。有些食品增稠剂可在食品表面形成一层薄膜，保护食品不受氧气、微生物的作用。因此，食品增稠剂与食品表面活性剂并用，可以用于水果、蔬菜的保鲜。

中国批准使用的食品增稠剂有阿拉伯胶、醋酸酯淀粉、淀粉磷酸酯钠、瓜尔胶、果胶、海藻酸钾、海藻酸丙二醇酯、海藻酸钠、葫芦巴胶、槐豆胶、β-环状糊精、黄蜀葵胶、黄原胶（汉生胶）、甲壳素（几丁质）、结冷胶、聚丙烯酸钠、聚葡萄糖、卡拉胶、磷酸酯双淀粉、罗望子多糖胶、明胶、琼脂、羟丙基淀粉醚、羟丙基甲基纤维素（HPMC）、沙蒿胶、酸处理淀粉、羧甲基淀粉钠、羧甲基纤维素钠、田菁胶、辛烯基琥珀酸铝淀粉、亚麻籽胶（富兰克胶）、氧化淀粉、氧化羟丙基淀粉、乙酰化二淀粉磷酸酯、乙酰化己二酸双淀粉钠、皂荚糖胶等。

酪蛋白酸钠

酪蛋白酸钠是酪蛋白的钠盐。又称酪朊酸钠、酪蛋白钠、酪酸钠或干酪素钠。酪蛋白酸钠为乳白色粉末，无臭、无味，易溶于水，不溶于乙醇，是允许使用的食品添加剂。酪蛋白酸钠在水中具有较强的黏度，具有增稠作用，与其他食品增稠剂（如卡拉胶、羧甲基纤维素等）复配可增强其增稠性能。酪蛋白酸钠中含有亲水基团和疏水基团，故具有乳化性，且乳化稳定性高于乳清蛋白、大豆蛋白等；但 pH 能显著影响酪蛋白酸钠的乳化性能，在其等电点乳化能力较差。具有良好的起泡性，但起泡能力弱于蛋清粉。

酪蛋白酸钠用于香肠、火腿、午餐肉等肉糜食品时，可增加肉的结着力和持水性，改善肉制品质量，提高肉的利用率，降低生产成本；用于烘焙食品时，其良好的乳化性可提高产品质量、延长货架期；用于冰激凌等冷冻食品时，其良好的起泡性可改善产品的口感；用于蛋白饮料时，可提高产品稳定性。此外，酪蛋白酸钠营养价值高，含有丰富的氨基酸，尤其可以补充谷物蛋白质中赖氨酸的不足。

酪蛋白酸钠安全性高，无每日允许摄入量限定。可添加于婴幼儿配方食品中，但最大使用量不能超过 1.0 克 / 千克。

阿拉伯胶

阿拉伯胶是豆科金合欢属植物的树干渗出物所形成的干固胶状物。又称金合欢胶。天然的阿拉伯胶是一种含有钙、镁、钾、钠盐及少量蛋白质的杂多糖，其单糖单元包括 D- 半乳糖、L- 阿拉伯糖、L- 鼠李糖与 D- 葡萄糖醛酸，相对分子质量为 25 万～ 100 万。天然阿拉伯胶多为大小不同的泪滴状、略透明的琥珀色；商业化的阿拉伯胶则是经去杂、粉碎、杀菌及脱色、喷雾干燥等方式制得的粉末，精制的胶粉为白色、无臭、无味。

阿拉伯胶具有高度的水溶性，易溶于冷水、热水，溶液黏度较低，是典型的"高浓低黏"型胶体。在 pH4～8 内较稳定，一般加热胶溶液不会改变阿拉伯胶的性质，但长时间高温加热可使阿拉伯胶分子降解。由于阿拉伯胶中蛋白质部分含有疏水性基团，而多糖部分提供了亲水基团，故为天然的水包油型乳化剂。

阿拉伯胶基本不产生热量，是良好的水溶性膳食纤维，在食品工业中应用广泛。可用于糖果、点心的制作，一方面可以防止糖分的结晶，另一方面作为乳化剂使脂肪均匀地分布于整个糖衣和糕点中。可用于冰激凌、冷冻饮料等冷冻食品，防止冷冻食品形成过大的冰晶，提高冷冻食品的质量。应用于烘焙食品时，可赋予面包表面光滑感，同时可作为香精载体，提高烘焙食品风味。也是良好的饮料乳化稳定剂，是啤酒等饮料最理想的泡沫稳定剂。

安全性高，对其每日允许摄入量不做限制。

罗望子多糖胶

罗望子多糖胶是从豆科罗望子属植物种子的胚乳中提取分离得到的一种中性多糖。又称罗望子胶。罗望子多糖胶主要的单糖单元为 D- 半乳糖、D- 木糖、D- 葡萄糖，三者比例为 1∶3∶4，此外还含有少量的 L- 阿拉伯糖。分子结构中主链是 β-D-1,4 糖苷键连接的葡萄糖，侧链是 α-D-1,6 糖苷键连接的木糖和 β-D-1,2 糖苷键连接的半乳糖，具有较多支链，相对分子质量在 250000～650000。罗望子多糖胶为无臭、无味、无毒、乳白色或淡黄色的粉末，具有较强的亲水性，易结块，不溶于冷水，不溶于大多数的有机溶剂和硫酸铵、硫酸钠等盐溶液，在冷水中分散后加热则形成黏稠液体，黏度较高。有良好的耐热性、耐酸性、耐盐性和冻融稳定性。

罗望子多糖胶是中国允许使用的食品增稠剂，在食品领域应用广泛，可用作果冻和糕点的胶凝剂、冷冻食品的稳定剂、饮料的增稠剂、淀粉基食品的品质改良剂、调味品的增稠稳定剂等。此外，罗望子多糖胶不能被小肠消化吸收，是良好的水溶性膳食纤维。

海藻酸钠

海藻酸钠是从褐藻中提取的离子多糖。又称藻朊酸钠、褐藻酸钠、海带胶。海藻酸钠是主要由 β-D- 甘露糖醛酸和 α-L- 古洛糖醛酸通过（1,4）- 糖苷键连接而成的线性聚合物，包括连续 β-D- 甘露糖醛酸的 M 段、连续 α-L- 古洛糖醛酸的 G 段以及 β-D- 甘露糖醛酸和 α-L- 古洛糖醛酸相互交错的 MG 段，相对分子质量 32000 ～ 400000。海藻酸钠为白色或淡黄色粉末，无臭、无味，溶于水，不溶于有机溶剂，无毒。可与 Ca^{2+} 等二价阳离子在室温下形成凝胶，而且不像卡拉胶和琼脂那样因受热而解凝。但分子中仅 G 段可通过 Ca^{2+} 与邻近分子链的 G 段交联形成钙桥，即"蛋壳模型"，从而形成凝胶。其凝胶强度取决于溶液的浓度、Ca^{2+} 含量、pH 和温度。G 段含量越高，其凝胶强度越大。可通过控制成胶条件获得从柔性到刚性的各种凝胶体。海藻酸钠可形成纤维和薄膜，且易与蛋白质、淀粉、果胶、阿拉伯胶、羧甲基纤维素钠、甘油、山梨醇等共溶。

海藻酸钠在食品加工中最主要的作用为凝胶化,其次为增稠和成膜。可用作冰激凌等冷饮食品的稳定剂,使冰激凌保持良好的形态,防止其砂化,赋予其平滑的外观和柔滑的口感。可用作饼干、面包等烘焙食品的品质改良剂:用于生产饼干、蛋卷时,可减少其破碎率,产品外观光滑,防潮性好;用于面包、蛋糕时,可使其膨胀,体积增大,质地酥松。生产中通常采用高剪切浴解的方法,即在不停地高速搅拌下,缓慢地将胶粉添加到水中,连续搅拌直至成为浓稠的胶液。在溶解前加入适量的砂糖等助剂,在溶解过程中适当加热,均有助于海藻酸钠的溶解。联合国粮食及农业组织/世界卫生组织规定,海藻酸钠每日允许摄入量为0~25毫克/千克体重。

卡拉胶

卡拉胶是以红藻类植物为原料,经水或碱液等提取并加工而成的食品添加剂。卡拉胶由硫酸基化或未硫酸基化的 D- 半乳糖和 3,6- 无水半乳糖通过 α-1,3 糖苷键和 β-1,4 键交替连接而成,在藻类中起类似陆生植物中纤维素的作用。卡拉胶通常呈白色或浅褐色的颗粒或粉末状。在冷水中不溶解,但能吸水膨胀,可溶于 60℃ 以上热水成半透明的胶体溶液。不溶于有机溶剂,在中性和碱性溶液中性质较稳定,pH ≤ 4 时易发生酸水解,加热会加速其酸解过程。

根据硫酸酯基团的数量、位置和 3,6- 无水半乳糖位置的差异,自然界中含有 ι-、κ-、λ-、α-、β-、γ-、θ-、μ-、ν-、δ-、ε-、π- 和 ω-

卡拉胶，其中工业上生产和应用最多的是 ι-、κ-、λ- 卡拉胶。天然卡拉胶并不是单一多糖，而是多种类型卡拉胶的混合体系。κ- 卡拉胶与钾离子形成脆性凝胶，凝胶强度高但易出水。ι- 卡拉胶与钙离子形成柔软胶冻，胶冻被打散后能自动恢复，胶冻不易出水，具有较强的抗融能力和耐盐能力。λ- 卡拉胶不形成胶冻，能溶于牛奶，抗冻能力强，耐盐性能好。不同属的红藻所含有的卡拉胶主要类型不同，如麒麟菜属红藻是提取 κ-、ι- 卡拉胶的最佳原料，衫藻属红藻主要含有 λ- 型卡拉胶。

卡拉胶是经 FAO/WHO 食品添加剂联合专家委员会确认为安全、无毒、无副作用的食品添加剂。食品工业中主要利用卡拉胶的增稠性、凝胶性和稳定性，如卡拉胶在冰激凌、果冻、软糖、肉制品等生产中可作为增稠剂、凝胶剂、蛋白稳定剂。卡拉胶还可以用于啤酒澄清。卡拉胶中特殊的糖苷键赋予卡拉胶良好的抗消化特性，可用于低血糖指数食品的开发。

黄原胶

黄原胶是由野油菜黄单胞杆菌产生的一种胞外酸性多糖。又称汉生胶。黄原胶主链是由 D- 葡萄糖、D- 甘露糖、D- 葡萄糖醛酸以摩尔比 2：2：1 构成的五糖重复单元，主链上连有 3 个糖单元的侧链，与主链直接相连的甘露糖常发生乙酰基修饰，而侧链末端的甘露糖连有丙酮酸基团。天然黄原胶平均相对分子质量 $2×10^6 \sim 5×10^7$，其所含乙酸和丙酮酸基团的比例及相对分子质量取决于产生菌株和后发酵条件。黄原胶具有突出的高黏性和水溶性，易溶于冷水和热水，是具有多侧链线性结构的多羟基化合物。其羟基可与水分子相结合，形成较稳定的网状结构，且在很低的浓度下仍具有较高的黏度。如质量分数为 1% 时，流体黏度相当于明胶的 10 倍左右，增稠效果显著。黄原胶溶液的黏度基本不受酸、碱的影响，在 pH1 ～ 13 范围可保持原有性能。在相当大的温度范围内（-18℃ ～ 80℃）基本保持原有的黏度及性能，具有稳定可靠的增稠效果和冻融稳定性。

在食品加工领域应用广泛，如作为耐酸、耐盐的增稠稳定剂应用于各种果汁饮料、浓缩果汁、调味料、酱油等食品中；作为稳定的高黏度填充剂广泛应用于各类点心、面包、饼干、糖果等食品的加工，在不改变食品传统风味的前提下，使食品具有更优越的保形性、更长的保质期和良好的口感；应用于冰激凌、雪糕等冷冻食品中，可调整混合物黏度，使其组成均匀稳定，组织滑软，防止大冰晶形成，同时提高产品的冻融稳定性。

羧甲基纤维素钠

羧甲基纤维素钠是由天然纤维素被氯乙酸改性，即羧甲基取代葡萄糖羟基得到的线性可溶性阴离子纤维素醚。羧甲基纤维素钠外观为白色或微黄色絮状粉末，有吸湿性，无臭、无味、无毒，对光稳定。通常不溶于甲醇、乙醚等有机溶剂，易溶于水，水溶液呈中性或微碱性，能形成高黏度的胶体溶液，具有增稠作用且与明胶、黄原胶、卡拉胶、海藻酸钠、果胶等绝大多数亲水性胶复配时具有明显的协同增效作用。

羧甲基纤维素钠优异的增稠、悬浮、成膜性能使其成为良好的食品添加剂。在食品加工中，羧甲基纤维素钠作为增稠剂和稳定剂可增加黏度，同时起稳定食品结构、延长食品保质期的作用。常用于各种果酱、调味酱、雪糕及各种奶制品中。在面包、蛋糕等的制作中，于小麦粉内加入 0.1% 的羧甲基纤维素钠可防止水分蒸发；在方便面中使用羧甲基纤维素钠（添加量一般为 0.5%），可使制品均匀，结构改善，水分易控制。美国食品药品监督管理局将其列为一般公认安全物质。

食品乳化剂

食品乳化剂是通过改变界面的表面张力使食品的多相体系各组分（水、蛋白质、脂肪、糖类等）相互融合，形成稳定、均匀的形态，改善内部结构，简化和控制加工过程，提高食品质量的添加剂。食品乳化剂在同时包含油和水的食品中是必不可少的成分，其分子内部通常有亲水和亲油两种基团。食品乳化剂按来源可分为天然乳化剂与人工合成乳化剂两大类，其中天然乳化剂包括植物皂素类、蛋白类、多糖类、磷脂类等，人工合成乳化剂主要包括司盘类乳化剂、蔗糖脂肪酸酯和吐温类乳化剂。按其对油水两相的亲和性可分为水包油（O/W）型和油包水（W/O）型两大类。按亲水基团的结构可分为离子型乳化剂和非离子型乳化剂。当乳化剂溶于水时，凡是能离解成离子的，称为离子型乳化剂。如果乳化剂溶于水后离解成一个较小的阳离子和一个较大的包括烃基的阴离子基团，且起作用的是阴离子基团，称为阴离子型乳化剂；反之，如果乳化剂溶于水后离解生成的是较小的阴离子和一个较大的阳离子基团，且发挥作用的是阳离子基团，这种乳化剂称为阳离子型乳化剂。

通常用亲水亲油平衡值（HLB）来表示乳化剂亲水性与亲油性的关系。HLB 值的范围为 0 ~ 20，以亲水性最小的石蜡 HLB 值为 0、亲水性最大的聚氧乙烯 HLB 值为 20，其他乳化剂的 HLB 值介于 0 ~ 20。HLB 值大，则亲水性强，HLB 值小，则亲油性强。HLB 值低的乳化剂易形成 W/O 体系，HLB 值高的乳化剂易形成 O/W 体系，且 HLB 值具有加和性，利用这一特性可制备出不同 HLB 值范围的乳液。两种以上乳化剂混合使用时，HLB 值可由组分中各自的 HLB 值按比例计算。通常，HLB 值在 3 ~ 5 的乳化剂能形成 W/O 体系，在 8 ~ 10 的乳化剂能形成 O/W 体系，HLB 为 10 则形成水与油之间的过渡相。乳化剂除有乳化作用外，随其 HLB 值的不同还可有消泡、湿润、洗涤和增溶等作用。食品成分复杂，不能仅根据 HLB 值选择乳化剂，但了解 HLB 值可知乳化剂大致的使用范围。

食品通常含有不相溶的组分，如水和脂肪，仅通过物理加工难以形成均一的食品体系。因此，食品乳化剂在食品工业具有广泛的应用，例如：①在面包、蛋糕、饼干类食品中添加乳化剂，可以起保持食品品质，改善口感并防止老化的作用。②在人造奶油中，乳化剂可以将水分散到油中形成稳定、均匀的乳液，从而改善人造奶油的组织结构。③在鱼肉糜、香肠中添加食品乳化剂，有利于此类食品表面被膜的形成，提高商品性与储存性。④在饮料中添加食品乳化剂，可以起增香、助溶、乳化、分散等作用。⑤食品乳化剂可增加巧克力颗粒间的摩擦力和流动性，降低黏度，增进脂肪分散，防止起霜，提高热稳定性和产品表面的光滑度。⑥在冰激凌的制作中，乳化剂可缩短搅拌时间，有利于充气和稳定泡沫，并能使制品产生微小冰晶和分布均匀的微小气泡，提高比体积，改善冻融稳定性，从而得到质地干燥、疏松、保形性完好、表面光滑的产品。

乳化剂在国际上的应用已有数十年的历史，且发展迅速。乳化剂种类很多，世界各国许可在食品中使用的品种不完全相同。中国所能生产的食品乳化剂种类较少，包括甘油酯、蔗糖酯、司盘、吐温、丙二醇酯、大豆磷脂等，但产品色泽、气味、口感不理想。鉴于中国市场的巨大需求及食品乳化剂的重要作用，食品乳化剂将成为近代食品工业中最具发展前景的食品添加剂之一。

蔗糖脂肪酸酯

蔗糖脂肪酸酯是由蔗糖与脂肪酸（包括硬脂酸、棕榈酸、油酸、月桂酸）反应生成的有机化合物总称。又称脂肪酸蔗糖酯、蔗糖酯。蔗糖脂肪酸酯按蔗糖中羟基与脂肪酸酯化度不同可分为单酯、双酯和多酯。蔗糖脂肪酸酯呈白色或米黄色，粉末状、块状或蜡状的固体，也有呈浅黄色的膏状液体。无味或略带油脂味，易溶于乙醇和丙酮。耐热性较差，分解温度为 $233 \sim 238℃$，在 $120℃$ 以下稳定。

蔗糖脂肪酸酯属于多元醇型的非离子表面活性剂，亲水基团为蔗糖分子中的游离羟基，亲油基团为脂肪酸的碳链部分。控制蔗糖羟基的酯化数可获得由亲水性到亲油性的系列蔗糖脂肪酸酯产品，即亲水亲油平衡值（HLB 值）为 $2 \sim 16$ 的乳化剂。单酯含量越高，亲水性就越强，

HLB 值越高；二、三酯含量越高，亲油性越强，HLB 值越低。

蔗糖脂肪酸酯主要通过化学法生产。但化学法反应条件较剧烈，需使用有毒试剂，得到的产品难以纯化。微生物产生的脂肪酶可用于蔗糖脂肪酯的生产，该法克服了化学法的缺点，但合成效率低下，仍未实现工业化。

蔗糖脂肪酯具有易生物降解、宽泛的 HLB 值范围和良好的乳化性等，在冰激凌、奶油、奶糖等食品生产中具有广泛的应用。可作为结晶控制剂和黏度控制剂用于巧克力、色拉油的生产；可作为润滑剂用于片状糖果的制作；可在饼干、糕点、面制品中作淀粉的络合剂，防止淀粉老化，提高面条的抗拉强度，减少面汤的混浊；可作润湿剂用于乳粉中；可作保鲜剂用于水果、蔬菜、禽蛋的保鲜；也可用作餐具、果蔬和食品加工器具的洗涤剂。

蔗糖脂肪酸酯每日允许摄入量不超过 20 毫克 / 千克，美国食品药品监督管理局将其列为一般公认安全物质。

司盘类乳化剂

司盘类乳化剂是山梨醇酐与脂肪酸酯化后生成的多元醇型酯类化合物的总称。化学名称为山梨醇酐脂肪酸酯或失水山梨醇脂肪酸酯，包括山梨醇酐单月桂酸酯（司盘 20）、山梨醇酐单棕榈酸酯（司盘 40）、山梨醇酐单硬脂酸酯（司盘 60）、山梨醇酐三硬脂酸酯（司盘 65）、山梨醇酐单油酸酯（司盘 80）和山梨醇酐三油酸酯（司盘 85）等。

司盘类乳化剂为油包水型的非离子表面活性剂，亲水亲油平衡值

（HLB 值）为 1.8 ～ 8.6，有着良好的热稳定性，可溶于热的乙醇、异丙醇和甲苯等有机溶剂，不溶于水，但可分散于热水中形成乳状溶液。司盘类乳化剂的理化性质很大程度上取决于酯化时使用的脂肪酸种类、数量以及加工条件。成品外观存在较大差异，常呈现淡褐色油状、乳白色或淡褐色蜡状、白色或浅黄色蜡状。

司盘类乳化剂的乳化力优于其他乳化剂，但风味较差，常与其他乳化剂复配使用。主要作为乳化剂、稳定剂、消泡剂及凝固剂添加到食品当中，起乳化、稳定、消除泡沫及稳定油脂晶体结构等作用。对人体无毒，每日允许摄入量为 0 ～ 25 毫克 / 千克。在其使用的限量范围内可广泛应用于饮料、豆制品、冷饮、乳制品、氢化植物油、可可制品、巧克力及巧克力制品、面包、糕点以及饼干等食品中。

吐温类乳化剂

吐温类乳化剂是司盘和环氧乙烷的缩合物，是一类非离子型乳化剂。化学名称为聚氧乙烯（20）山梨醇酐脂肪酸酯，简称聚山梨醇酸酯，是山梨醇酐脂肪酸酯在碱性催化剂的作用下与环氧乙烷加成（加成数为20）后的产物。

由于脂肪酸种类和酯化数的不同，吐温类乳化剂对应一系列产品，包括聚氧乙烯山梨醇酐单月桂酸酯（吐温 20）、聚氧乙烯山梨醇酐单棕榈酸酯（吐温 40）、聚氧乙烯山梨醇酐单硬脂酸酯（吐温 60）、聚氧乙烯山梨醇酐三硬脂酸酯（吐温 65）、聚氧乙烯山梨醇酐单油酸酯（吐温 80）和聚氧乙烯山梨醇酐三油酸酯（吐温 85）等。其中吐温 20

和吐温 40 由于生产时加入的聚氧乙烯较多，毒性较大，已很少用作食品添加剂。吐温类乳化剂易溶于水、乙醇及乙酸乙酯等多种溶剂，可分散于矿物油和溶剂油中。常温下通常为呈橘红色至橙色或琥珀色黏稠油状液体，或膏状物甚至是蜡状固体，略有异味，味微苦。吐温是一类优良的水包油型非离子乳化剂，对热稳定，其亲水亲油平衡值（HLB）为 10.5 ～ 16.9，具有很高的亲水性和乳化能力以及较强的胶束形成能力。与司盘复配使用时，乳化效果将进一步提升。吐温类乳化剂的界面活性不受 pH 影响，同时对难溶于水的亲油性物质也有很好的助溶作用，适用于乳化香精的配制。吐温类乳化剂在食品体系中还具有优良的充气和搅打起泡作用，在一定程度上能够稳定油脂的晶体结构。

吐温类乳化剂在其使用的限量范围内可应用于饮料、复合调味料、面包、糕点、冷饮、脂肪乳化制品、调制乳、稀奶油及起酥油等食品中。吐温的每日允许摄入量为 0 ～ 25 毫克 / 千克体重。

食品用香料

食品用香料是改善、增加和模仿食品香气和香味的物质。简称食用香料。食品用香料是生产食品用香精的主要原料，一般与许可使用的附加物调和配置成食品香精，用于食品加香，部分食品用香料也可直接用于食品加香。只有单一化合物的香料称为单体香料，如香兰素、肉桂醛等；含有多种化合物的香料为复合香料。香料一般为有机物，多因其分子结构中含有一定结构的官能团如羟基、羰基而具有气味，这些基团称发香基团，发香基团决定其气味的种类。发香基团包括羟基、醛基等含氧基团，氨基、硝基等含氮基团，芳香醇、芳香醛等含芳香基团，含硫、磷、砷等化合物以及杂环化合物。具有发香基团的有机物称发香物质。

食品用香料在食品中的用量较低，在不同的食品中作用不完全一致。食用香料可使原本没有香味的食品产生香味，满足消费者对香味的要求。食品加工中的加热、脱臭、抽真空等工艺会使香味成分挥发，使食品香味减弱，添加香料可恢复食品原有的香味，甚至可根据需要强化某种特征香味。食用香料还可以消除食品中的不良味道。有些食品有难闻的气味，或某种气味太浓而使人们不喜欢食用，添加适当的香料可以去除或抑制这些气味。食用香料还可以改变食物原有的风味。此外，多种天然香料还有杀菌、防腐作用。食用香料还能赋予产品特征，许多地方性、风味性食品的特征都由使用的香料显现出来。

食品用香料包括食品用天然香料和食品用合成香料。食品用天然香料是通过物理方法、酶法、微生物法工艺，从动植物原料中获得的香味物质制剂或化学结构明确的具有香味特征的物质。按照香料组成可分为食品用天然单体香料、食品用天然复合香料。食品用合成香料是通过化学合成方式形成与天然成分相同化学结构的具有香味特性的物质，一般为单一化合物。

中国允许使用的食品用香料名单可查阅 GB 2760-2014《食品安全国家标准食品添加剂使用标准》。单一的有机化合物一般称为单体香料，其种类众多。如麦芽酚、乙酰基吡嗪、2-甲基-3-巯基呋喃、叶醇、龙脑、芳樟醇、香叶醇、橙花醇、薄荷醇、苯乙醇、丁香酚、百里香酚、对甲酚甲醚、大茴香脑、2,4- 庚二烯、柠檬醛、苯甲醛、肉桂醛、大茴香醛、香兰素、乙基香兰素、丁二酮、β- 紫罗兰酮、覆盘子酮、二氢茉莉酮、甲基环戊烯醇酮、呋喃酮、乙醛二乙缩醛、乙醛苯乙醇丙醇缩醛、异戊酸、2- 甲基 - 戊烯酸、乙酸乙酯、乙酸香叶酯、己酸乙酯、水杨酸甲酯、邻氨基苯甲酸甲酯、乳酸乙酯、γ- 壬内酯、δ- 壬内酯、γ- 十一内酯、二氢香豆素、2- 乙酰基呋喃、5- 甲基 -2- 噻吩甲醛、2- 乙酰基吡咯、2- 乙酰基噻唑、5- 羟乙基 -4- 甲基噻唑、2- 乙酰基吡啶、2,3,5- 三甲基吡嗪、2- 甲氧基 -3- 异丁基吡嗪、乙酰基吡嗪、2- 巯基 -3- 丁醇、2,3- 二巯基丁烷、糠基硫醇、2- 甲基 -3- 呋喃硫醇、2- 巯基噻吩、二丁基硫醚、3- 甲巯基丙酮、4- 甲基 -4- 甲硫基 -2- 戊酮、2- 甲基 -2- 甲硫基呋喃、2,5- 二甲基 -2,5- 二羟基 -1,4- 二硫代环己烷、甲基丙基二硫醚、甲基 (2- 甲基 -3- 呋喃基) 二硫醚、双 (2- 甲基 -3- 呋喃基) 二硫醚、二糠基二硫醚、硫代乙酸糠酯、2- 硫代糠酸甲酯、异硫氰酸 -3- 甲硫基丙酯、异硫氰酸烯丙酯等。

天然香料

　　天然香料是以自然界存在的动植物的芳香部位为原料，采用简单加工或物理和生物化学方法进行提取，并保持原动植物香气特征的香料。

　　天然香料可分为动物性和植物性香料。动物性香料多为动物的分泌物或排泄物，品种较少，产量较低，大多数被视为珍贵香料。常用的有麝香、灵猫香、海狸香、麝鼠香和龙涎香。动物性香料在食品中应用较少，多用于化妆品。植物性香料则较多，植物的全株或根、干、茎、枝、皮、叶、花、果实等皆可作为原料。植物性香料中成分的含量常因原料的栽培地区和条件的不同而有很大差异。简单加工制成的香料大多数保留了植物的固有形态，如香木片、香木块等。物理方法如水蒸气蒸馏、浸提、压榨等提取分离的植物香料形态包括精油、浸膏、香树脂、酊剂。精油又称芳香油、挥发油，是天然香料中的一大类，食品中常用的包括八角茴香油、柠檬油、生姜油、肉桂油、甜橙油、橘子油、留兰香油、薄荷素油、白柠檬油、玫瑰花油、丁香叶油、月桂叶油等。精油成分多为萜类和烃类及其含氧化合物，多的可达数百种。浸膏指用有机溶剂浸提香料植物组织的可溶性物质，最后经除去所用溶剂和水分后得到的固体或半固体膏状制品，食品中常用的包括桂花浸膏、岩蔷薇浸膏、玫瑰浸膏、香荚兰豆浸膏、甘草流浸膏等。香树脂指用有机溶剂浸提香料植物所渗出的带有香成分的树脂样分泌物，最后除去所用溶剂和水分的制品，食品中常用的包括辣椒油树脂、黑胡椒油树脂、姜黄油树脂等。酊剂指用一定浓度的乙醇在室温下浸提天然香料，经澄清过滤后所得的制品，常用于食品的有可可酊、咖啡酊、香荚兰豆酊等。

天然香料一般毒性较小，大多数被公认为安全物质。中国允许使用的食用天然香料有 393 种。

合成香料

合成香料是通过现有的科学技术手段，使用不同的原料，经过化学或生物合成方法制备或创造出的单一体香料。不论起始原料来源如何，只要经过任何化学合成过程，得到的可用于食品调香的芳香化合物，都称为食用合成香料。食用合成香料的主要来源如下：①来自天然精油的原料再稍加合成。②来自煤炭化学品。③以开发出来的石油化学品为原料的香料。

合成香料又分为半合成香料和全合成香料。半合成香料指利用某种天然成分进行化学反应、改变结构所得到的香料，而全合成香料则是利用基本的化工原料合成。合成香料的种类繁多，其分类方法主要有两种：①按有机化合物的官能团分类，可分为烃类、醇类、醚类、酸类、酯类、内酯类、醛类、酮类、缩醛（酮）类、腈类、酚类、杂环类及其他各种含硫含氮化合物合成香料。②按碳原子骨架分类，可分为萜烯类和芳香类合成香料。合成香料最早出现在19世纪末，早期对天然产物中所含的芳香化合物（如苦杏仁油中的苯甲醛、香荚兰豆中的香兰素和黑香豆中的香豆素等）开始人工合成并实行工业化生产。合成香料一般不直接用于食品加香，多用以配制食用香精，食品中直接添加的合成香料只有香兰素、苯甲醛和薄荷脑等少数几种。中国允许使用的食用合成香料有1497类，品种繁多，具有不同的香气。出于安全性的考虑，所有合成香料都受法规的管制，不可随意在食品中使用。

酶制剂

酶制剂是用于食品加工，具有特殊催化功能的生物制品。由动物或植物的可食或非可食部分直接提取，或由传统或通过基因修饰的微生物（包括但不限于细菌、放线菌、真菌菌种）发酵、提取制得。食品工业中所使用的酶制剂一般为复合物，含有一种主要酶和几种辅助酶。如木瓜蛋白酶制剂，除木瓜蛋白酶外，还含有木瓜凝乳蛋白酶、溶菌酶及纤维素酶等。

酶制剂的生产方法可分为两种：一是从动、植物组织中提取分离酶，二是采用微生物发酵法生产酶。用于生产酶制剂的原料应符合良好生产规范或相关要求，在正常使用条件下不应对最终食品产生有害健康的残留污染。来源于动物的酶制剂，其动物组织应符合肉类检疫要求；来源于植物的酶制剂，其植物组织不得霉变；来源于微生物的酶制剂不得检出抗菌活性，由基因重组技术所得工程菌生产的酶制剂不应检出生产菌。

酶制剂在食品工业中应用广泛，主要用于食品加工，制造新的食品，改进食品的风味和质量，属于食品添加剂类的范畴。如葡萄糖氧化酶是一种有效的除氧保鲜剂，可催化葡萄糖与氧反应生成葡萄糖酸和过氧化氢的一种氧化还原酶，直接添加到罐装食品中，起防止食品氧化变质的效果。α- 淀粉酶又称液化型淀粉酶、糊精化淀粉酶、高温淀粉酶，可切断直链淀粉分子内的 α-1,4 糖苷键，将直链淀粉分解为麦芽糖、葡萄糖和糊精，已广泛应用于饴糖、葡萄糖和糖浆的工业化生产。木瓜蛋白酶是由木瓜的未成熟果实提取出乳液，经凝固、干燥制得的制品，主要应用于啤酒等酒类的澄清，肉类嫩化，饼干 / 糕点松化，水解蛋白质生产等。酶制剂在果蔬类食品生产上也有广泛应用，如在柑橘制品的生产中加入一定量的柚苷酶，可去除制品中的苦味；在果蔬制品中加入一定的花青素酶，在 40℃ 条件下保温 20 ～ 30 分钟，可达到脱色效果。葡萄酒的生产过程中加入一定量的果胶酶，有利于葡萄汁的压榨和澄清，并可提高葡萄汁和葡萄酒的产量。

磷脂酶

磷脂酶是一类能够将磷脂分子水解成小分子产物的水解酶。通过水解磷脂作用位点的差异可将其分为 A_1、A_2、B、C、D 共 5 类。磷脂酶 A_1 和 A_2 分别特异性地水解磷脂的 1 和 2 位脂肪酸链生成相应的溶血磷脂；磷脂酶 B 同时具有 A_1 和 A_2 的活性；磷脂酶 C 能将磷脂酰胆碱分解成甘油二酯和胆碱磷酸；磷脂酶 D 能催化水解磷脂分子中的磷酸和有机碱羟基成酯的键，水解得磷脂酸和有机碱。

磷脂酶制剂为浅黄色至深褐色粉末、颗粒或者透明至深褐色液体，溶于水，不溶于乙醇。

磷脂酶在生物体内具有重要的生理功能，在食品工业中广泛用作酶制剂。磷脂酶 A_2 水解磷脂的产物溶血磷脂保留了普通磷脂的双亲结构，且因非极性基团的减少而增强了亲水性能，具有更好的水分散性，因此经磷脂酶 A_2 改性之后的蛋黄具有更强的乳化性和稳定性，更适合用于生产沙拉酱。磷脂酶水解磷脂产生的脂肪酸可与淀粉形成络合物，延缓淀粉的老化，故磷脂酶常用于烘焙食品的生产。此外，磷脂是植物毛油中胶质的主要成分，故磷脂酶可用于油脂脱胶。中国规定来源于胰腺的磷脂酶、来源于猪胰腺组织和黑曲霉的磷脂酶 A_2、来源于黑曲霉的磷脂酶 B 和来源于巴斯德毕赤酵母的磷脂酶 C 可用作食品酶制剂。

过氧化氢酶

过氧化氢酶是一种能够催化过氧化氢（H_2O_2）分解成氧气（O_2）和水（H_2O）的氧化还原酶。又称接触酶。过氧化氢酶大量存在于动物红细胞和肝脏等组织中、植物叶绿体中以及大多数的需氧微生物中。在生物氧化过程中产生的过氧化氢对细胞有剧毒，过氧化氢酶可使其分解成水与分子氧，从而消除其毒性，故过氧化氢酶在自然界中起极其重要的作用。

过氧化氢是一种重要的食品工业加工助剂，可用于食品的漂白和杀菌，处理完毕后需添加过氧化氢酶除去残留的过氧化氢，因此二者常共同用于食品工业。如可用过氧化氢杀灭牛奶、液体鸡蛋制品等中的有害微生物，再经过氧化氢酶处理除去残留的过氧化氢，产生洁净产物氧气和水。这种杀菌方法可在低温下进行，且杀菌效果好、时间短、效率高，可避免高温处理造成的蛋白质变性和营养素的破坏。此外，利用过氧化氢酶能分解过氧化氢产生氧气的性质，可将过氧化氢酶和过氧化氢共同用作烘烤食品的疏松剂。中国规定来源于牛、猪或马的肝脏，黑曲霉，溶壁微球菌的过氧化氢酶可用作食品酶制剂。

谷氨酰胺转氨酶

谷氨酰胺转氨酶是可催化蛋白质中谷氨酰胺残基的 γ- 酰胺基和赖氨酸的 ε- 氨基发生酰胺基转移反应，形成 ε-（γ- 谷酰胺）- 赖氨酸的异型肽键的酶。又称转谷氨酰胺酶或 γ- 谷氨酰基转移酶。

谷氨酰胺转氨酶广泛存在于动物、植物组织及微生物体内，能够催化蛋白质分子内、分子间的交联以及蛋白质和氨基酸之间的交联，从而改善蛋白质的溶解性、凝胶性、乳化性、起泡性、持水性和黏性等功能性质和食品质构，通过引入赖氨酸还可提高蛋白质的营养价值。被称为"21世纪超级食品黏合剂"，已广泛用于肉制品、乳制品、大豆制品及粮油制品的加工。在肉制品加工中，谷氨酰胺转氨酶主要用于重组肉的生产，可提高重组肉烹饪时的稳定性和质构特性，减少蒸煮损失，改善外观，延长货架期。在乳制品加工中，谷氨酰胺转氨酶可改善乳蛋白的乳化特性、热稳定性和奶酪持水能力。在粮油制品加工中，谷氨酰胺转氨酶可改善面团的延伸性、黏性及持水性，从而改善其烹调和烘焙制品品质。此外，谷氨酰胺转氨酶可使大豆蛋白质分子发生交联作用而形成凝胶，可作为稳定剂和凝固剂用于豆类制品的加工，最大使用量为0.25克/千克。中国规定用作酶制剂的谷氨酰胺转氨酶须来源于茂原链轮丝菌。

食品凝固剂

食品凝固剂可增强黏性固形物性能，且不使食品组织结构发生改变。食品凝固剂主要用于豆制品生产、乳制品加工和果蔬加工等，在不同食品的加工中用途和作用原理有所不同。其作用方式通常是使食品中的蛋白质、果胶等溶胶凝固成凝胶状物质或消除食品不稳定因素，从而达到食品形态固化、降低或消除其流动性、使其组织结构不变形，提高食品组织性能，改善食品口感和外形等目的。

氯化镁是中国传统食品豆腐的凝固剂，氯化钙和硫酸钙也可作豆腐的凝固剂。实际生产过程中氯化钙一般不用作豆腐凝固剂。氯化镁制作的豆腐为老豆腐或盐卤豆腐；硫酸钙制作的豆腐为嫩豆腐或石膏豆腐。硫酸钙、氯化镁、氯化钙又称盐凝固剂，作用机理是盐可以中和大豆蛋白胶体微粒表面吸附的电荷，使蛋白质分子凝聚。为便于豆腐的机械化和连续化生产，可用葡萄糖酸-δ-内酯作为豆腐的凝固剂。葡萄糖酸-δ-内酯为酸凝固剂，本身不能沉淀蛋白质，但在加热条件下可水解生成葡萄糖酸，使 pH 降低，大豆蛋白的等电点在 pH4.5 左右，当 pH 下降到其等电点附近，大豆蛋白即凝结形成蛋白质凝胶。用葡萄糖酸-δ-内酯生产豆腐为内酯豆腐，质地细腻、滑嫩可口，保水性及防腐性好，保存期长。硫酸钙、氯化镁和葡萄糖酸-δ-内酯用于豆类制品时均可按生产需要适当添加。此外，谷氨酰胺转氨酶能够使得蛋白质分子发生交联作用而形成凝胶，用于豆制品时最大添加量为 0.25 克 / 千克。制造干酪时也可添加氯化钙、柠檬酸钙和葡萄糖酸钙等助其凝固。

氯化钙、柠檬酸钙以及葡萄糖酸钙等还常用于水果和蔬菜加工，使其中的可溶性果胶酸与钙离子反应形成凝胶状的不溶性果胶酸钙，加强了果胶分子的交联作用，从而保持了果蔬加工制品的脆度和硬度，防止果蔬软化。

此外，乙二胺四乙酸二钠、柠檬酸亚锡二钠、丙二醇也被规定为稳定剂和凝固剂。乙二胺四乙酸二钠是一种螯合剂，主要作用是与多价金属离子形成可溶性螯合物，消除金属离子引起的有害作用，从而使食品组织结构稳定。柠檬酸亚锡二钠是罐头除氧剂，在蘑菇等果蔬罐头中能逐渐与罐中残留的氧发生作用，柠檬酸亚锡二钠中 Sn^{2+} 被氧化成 Sn^{4+}，具有保护食品色泽、抗氧化、防腐蚀功能，从而保持果蔬罐头的质构稳定性。丙二醇具有保湿作用，可增加糕点的柔软性、光泽和保水性，从而保持糕点结构稳定。

食品膨松剂

在以小麦粉为主要原料的食品的生产中添加使面胚起发的物质就是食品膨松剂。又称食品膨发剂、食品疏松剂。

食品膨松剂可分为生物膨松剂和化学膨松剂两种类型。生物膨松剂依靠能产生二氧化碳（CO_2）气体的微生物发酵而起膨发作用，主要指酵母。酵母是面制品中一种十分重要的膨松剂。酵母利用面团中的糖类和营养物质进行有氧呼吸和无氧呼吸，产生 CO_2、醇、醛和一些有机酸，生成的 CO_2 被面团中的面筋包围，使制品体积膨大并形成海绵状网络组织。而发酵形成的酒精、有机酸、酯类、羰基类化合物使制品风味独特、营养丰富。利用酵母做膨松剂，需要注意控制面团的发酵温度，当温度过高（$> 35℃$），乳酸菌大量繁殖，面团的酸度增加。传统的"老面"可作为膨松剂，其原因在于老面中含有大量的酵母，此外，老面中往往会有乳酸菌等杂菌的存在，这些杂菌产生的有机酸会使面团产生不良的酸味，因此，通常发面后须用碱来中和。如今，生物膨松剂有液体酵母、鲜酵母、干酵母和速效干酵母等多种形式。

化学膨松剂又称无机膨松剂，可分为单一膨松剂和复合膨松剂。单一膨松剂因其水溶液呈碱性被归类为碱性膨松剂，常见的有碳酸氢铵和碳酸氢钠。单一膨松剂保存性较好，稳定性较高，但膨胀力较弱，缺乏香味，有的还残留特殊异味。复合膨松剂一般由碱性剂、酸性剂和填充剂 3 部分组成。其中碱性剂主要有碳酸盐和碳酸氢盐，常见碱性剂是碳酸氢钠，用量占 20% ～ 40%，其作用是产生 CO_2 气体；酸性剂主要有硫酸铝钾、酒石酸氢钾，常用的是硫酸铝钾（明矾），用量占 35% ～ 50%，其作用是与碳酸盐发生反应产生 CO_2 气体，能调整食品酸碱度，去除异味，充分提高膨松剂的效能；填充剂主要有淀粉、食盐等，用量占 10% ～ 40%，其作用是控制和调节 CO_2 气体产生的速度，改善面团的工艺性能，增强面筋的强韧性和延伸性，也能防止面团因失水而干燥。复合膨松剂在与面团混合时，遇水会释放 CO_2 气体，并在加热过程中产生更多的 CO_2 气体，从而使产品达到膨胀和松软的效果。市场上常见的复合膨松剂主要是泡打粉，又称发酵粉或焙粉。

食品膨松剂通常在和面时加入，受热分解后产生气体，形成均匀、致密的多孔性组织，使制品具有松软或疏脆的特点。食品膨松剂不仅可提高食品的感官质量，还有利于食品的消化吸收，在食品中应用十分广泛，通常应用于糕点、饼干、面包、馒头等以小麦粉为主的焙烤食品制作。食品加工中常用酵母做生物膨松剂，主要用于面包和苏打饼干等焙烤食品的生产。化学膨松剂主要用于炸油条和制作汽水等。酵母和复合膨松剂单独使用时，各有不足，酵母发酵时间较长，形成的海绵状结构过于细密、体积不够大；而复合膨松剂制作速度快、制品体积大，但组织结构疏松，口感差；二者配合使用可以制得理想的产品。研究表明：一些化学膨松剂（如硫酸铝钾、硫酸铝铵）含铝，对人体健康不利，长期摄入不仅会引起神经系统病变，还会影响儿童骨骼和智力发育。因此，应大力研究、开发和推广能替代明矾的安全、高效、方便的无铝复合膨松剂。无铝复合膨松剂主要是由食用碱、柠檬酸、葡萄糖酸-δ-内酯、酒石酸氢钾、磷酸二氢钙等混合，按照试验确定的比例配合组成，具有安全、高效、方便等优点，逐渐成为食品企业的首选。

碳酸氢钠

碳酸氢钠属于碳酸氢盐。化学式 $NaHCO_3$。又称小苏打、酸式碳酸钠，是常见的工业用化学品。

◆ 物理性质

碳酸氢钠通常为白色细小晶体或不透明单斜晶系晶体。无臭、无味、味咸，密度2.20克/厘米³，熔点527℃。可溶于水，溶解度略小于碳酸钠。

◆ 用途

碳酸氢钠的应用极为广泛，可直接作为制药工业的原料，用于治疗胃酸过多；在食品工业中作为应用最广泛的疏松剂，用于生产饼干、糕点、馒头、面包等，是汽水饮料中二氧化碳的发

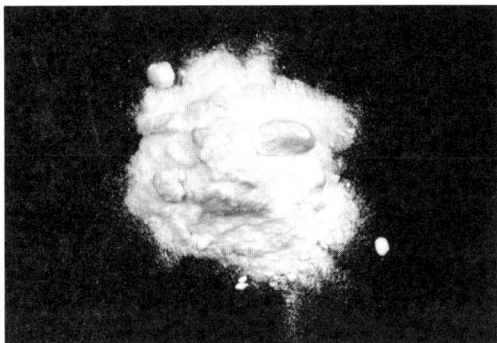

碳酸氢钠粉末

生剂；橡胶工业利用其与明矾、碳酸氢钠发孔剂相配合能起均匀发孔的作用将其用于橡胶、海绵的生产。冶金工业用其作浇铸钢锭的助熔剂。机械工业用其作铸钢（翻砂）砂型的成型助剂。在印染工业中被用作染色印花的固色剂，酸碱缓冲剂，织物染整的后方处理剂。

◆ 储存

由于碳酸氢钠易分解，因此需储存于阴凉、干燥、通风良好的库房。远离火种、热源。保持容器密封。应与氧化剂、酸类分开存放，切忌混储。储区应备有合适的材料收容泄漏物。

硫酸铝钾

硫酸铝钾的分子式 $KAl(SO_4)_2 \cdot 12H_2O$，分子量 474.39，是含有结晶水的硫酸钾和硫酸铝的复盐。又称明矾、白矾、钾矾、钾铝矾、钾明矾。硫酸铝钾外观为无色立方、单斜式或八方晶体；有玻璃光泽，密度 1.757 克/厘米^3，熔点 92.5℃，溶于水（12.2%，25℃），不溶于乙醇。硫酸铝钾味酸、涩、寒，有收敛性，水溶液呈酸性，受热易失去结晶水，64.5℃ 时失去 9 个分子结晶水，200℃ 时失去 12 个分子结晶水，脱水后呈白色粉末状或多孔状。硫酸铝钾在空气中可风化成不透明状，在水中溶解度随水温升高而增大。

◆ 制备工艺

硫酸铝钾制备方法有铝矾土法、明矾石法、铝氧粉氯化钾法、霞石法和伊利石法。其中铝矾土法是工业上较常见的生产方法。

铝矾土法

硫酸与铝矾土反应,制得硫酸铝。将硫酸铝加入反应器中加热溶解,使溶液中氧化铝含量在 8% 左右,在搅拌下加入硫酸钾,保持温度在 80 ～ 90℃,反应 1 小时后真空过滤,清液进行冷却结晶。所得结晶经离心脱水、洗涤干燥后即为成品。母液及洗涤液则返回做原料。生产过程中产生的废渣集中堆放后再综合利用,主要用作水泥原料或制砖等。

明矾石法

将明矾石($K_2O \cdot 3Al_2O_3 \cdot 4SO_3 \cdot 6H_2O$)通过 700 ～ 800℃ 高温焙烧 24 小时左右,再经约 40 天自然风化。在反应釜中加入计量水和风化明矾石,在搅拌的情况下,常压通入蒸汽并升温至 95℃ 进行反应,反应一定时间后,进行沉降除渣,反应清液在麻石池自然降温约 20 天至室温,然后抽取母液,所得结晶体即为固体硫酸铝钾产品。

◆ 用途

硫酸铝钾作为水质净化剂应用于水处理行业;在农业方面,可用于种子消毒、固根发苗、壮秆饱果及碱性土壤施钾增肥;还可用于牲畜疾病防治;造纸工业用作上浆剂,与松香乳液配合用于纸张施胶,提高纸张的抗水强度;医药行业用作防腐剂、收敛剂、止血剂;食品工业,可用作疏松剂,发酵、粉条加工、水产品的腌制和食品防腐剂;轻化工行业,可用作黄色医用玻璃的着色剂,制革工业的铝鞣剂,橡胶的发泡剂及助发泡剂,电镀锌的助导电剂,印染工业的媒染剂,防拔染工艺的防染剂;还可用于收敛性化妆品中;也是生产高纯氧化铝及其他铝盐的原料;亦用于油漆、澄清剂、防水剂、纤维板加工、色淀颜料等。

抗结剂

抗结剂可添加于颗粒或粉末状食品中，防止颗粒或粉末状食品聚集结块，保持其松散或自由流动。抗结剂一般颗粒细小，比表面积大，比重大，比容高，多孔，具有极强的吸附能力，可吸附导致食品结块的水分。

应用于食品加工中的抗结剂包括硅酸盐类、硬脂酸盐类、铁盐类、磷酸盐类以及其他种类。常见硅酸盐类抗结剂有二氧化硅、硅酸钙、滑石粉等；硬脂酸盐类抗结剂主要指硬脂酸镁、硬脂酸钙、硬脂酸钾等；铁盐类抗结剂主要包括柠檬酸铵铁、亚铁氰化钾、亚铁氰化钠；磷酸盐类抗结剂包括磷酸三钙、磷酸三钾、磷酸三钠、焦磷酸钠等，其中磷酸三钙使用最广泛；其他种类的抗结剂包括碳酸镁、微晶纤维素等多聚糖类等。

通常抗结剂微粒可黏附在主基料颗粒的表面上，这种黏附作用的程度可以是覆盖颗粒的全部表面，也可以是零星地覆盖颗粒的部分表面。一旦抗结剂颗粒与主基料颗粒黏附，主要通过以下4种途径来达到改善主基料流动性和提高抗结性的目的。①提供物理阻隔作用。当主基料颗粒表面被抗结剂颗粒完全覆盖住以后，形成的抗结剂层成为阻隔主基料颗粒相互作用的物理屏障。②通过与主基料颗粒竞争吸湿，减少主基料因吸湿性而导致的结块倾向。③通过消除主基料表面的静电荷和分子作用力来提高其流动性。④通过改变主基料结晶体的晶格，使其形成易碎的晶体结构。

抗结剂广泛应用于香料、人工甜味剂、蛋粉、盐、干胶浆和香基、可可粉、糖、柠檬酸、酱油、洋葱和大蒜盐、肉的干熏混合物及粉末油脂制品如干酪粉、咖啡伴侣、粉末起酥油等食品中。在选择抗结剂时应注意以下 3 个方面。①各类抗结剂都有各自的物理性质，所选用的抗结剂必须与主基料颗粒的物理性质相适应才能达到良好的效果。②每种抗结剂都有其有效的适宜浓度范围，抗结剂加入量在此范围内才会改善主基料的流动性。另外，对于不同的使用目的，同一种抗结剂也有各自适宜的添加量范围。③抗结剂加入主基料的方式。根据各种抗结剂的品质，有些抗结剂如二氧化硅、硅酸盐可以与主基料颗粒干混合，直至均匀即可；有些抗结剂如磷酸盐必须加入主基料的水溶液中，经乳化、干燥脱水后起抗结作用。因此，必须根据抗结剂的作用机理正确使用抗结剂。

水分保持剂

水分保持剂加入后可以保持食品内部持水性，改善食品的形态、风味、色泽等。水分保持剂属于品质改良剂，种类较多，根据 GB 2760—2014《食品安全国家标准 食品添加剂使用标准》，中国可使用的水分保持剂有磷酸、焦磷酸二氢二钠、焦磷酸钠、磷酸二氢钙、磷酸二氢钾、磷酸氢二铵、磷酸氢二钾、磷酸氢钙、磷酸三钙、磷酸三钾、磷酸三钠、六偏磷酸钠、三聚磷酸钠、磷酸二氢钠、磷酸氢二钠、焦磷酸四钾、焦磷酸一氢三钠、聚偏磷酸钾、酸式焦磷酸钙、乳酸钾、乳酸钠、丙二醇、麦芽糖醇、山梨糖醇、聚葡萄糖等。

除可保持食品水分外，水分保持剂还有提高产品稳定性，改善食品形态、风味、色泽等作用，可广泛应用于肉禽、乳类制品、淀粉类食品中。

肉制品中常使用的水分保持剂包括焦磷酸钠、磷酸、磷酸三钠、六偏磷酸钠、三聚磷酸钠等。磷酸盐作为一种离子强度较高的弱酸盐类，添加到肉制品中可以提高肉的 pH 和离子强度，使其高于蛋白质的等电点，有利于肌原纤维蛋白（主要有肌球蛋白和肌动蛋白等）特别是肌球蛋白的溶出，从而提高肉的保水性；同时，磷酸盐能螯合金属离子，使肉中肌纤维结构趋于松散，增加保水性，减少加工时原汁流失。此外，磷酸盐还可通过络合肉中的铁离子继而抑制氧化作用而使肉的异味减少，从而改善肉的品质和风味。肉制品中使用的水分保持剂以复合磷酸盐为主。

在乳制品中，添加磷酸盐可以缓冲和稳定 pH 及提高离子强度。提高 pH 可使溶液 pH 偏离蛋白质等电点，一方面增加了蛋白质与水分子的相互作用，另一方面使蛋白质链之间相互排斥，溶入更多的水，增加保水性和乳化性，同时可以保持溶液酸度稳定。离子强度适当增加，可发生盐溶作用，从而增加蛋白质的溶解性；其阴离子效应能使蛋白质的水溶胶质在脂肪球上形成一种胶膜，从而使脂肪更有效地分散在水中，有效防止酪蛋白与脂肪和水分的分离，稳定乳化体系，增强酪蛋白结合水的能力。

面包等淀粉类食品在贮藏、运输、销售过程中出现老化，使其变硬，口感变差。因此，在淀粉类食品的加工过程中，需添加水分保持剂以提高淀粉类食品的持水性。此外，磷酸盐类水分保持剂作用于面筋蛋白时，可增加蛋白质的水合作用；非磷酸盐类水分保持剂填充到膨胀的淀粉颗粒中，可增大其与水结合的能力。

通常，水分保持剂不仅有保水作用，部分还可作为乳化剂、稳定剂、膨松剂、酸度调节剂等。水分保持剂有其使用范围和使用量，在实际生产中应根据相关标准合理添加。

林源食品添加剂

林源食品添加剂是从森林植物资源中提取出来的用于改善食品色、香、味，或可强化食品的营养价值和功能的天然提取物或成分。

根据增色、增味、增稠、抗氧化、防腐和抑菌等功能，林源食品添加剂可分为着色剂、甜味剂、香料、增稠剂、抗氧化剂、保鲜剂及防腐剂等。

中国森林植物资源丰富，对林源食品添加剂的应用可以追溯到 1 万年前。周朝时期人们开始利用肉桂增香。公元 6 世纪时，贾思勰的《齐民要术》中已有植物色素提取与应用的记载。20 世纪 90 年代以来，中国已经开发出几十种林源天然植物色素，如茶色素、枸杞子红色素等。

林源食品添加剂的加工技术主要包括：溶剂提取、超声 / 微波辅助提取、超临界二氧化碳萃取等提取技术；反渗透和超滤、柱层析等分离技术；干燥、制粒、微胶囊化等制剂技术。

林源食品添加剂来源于植物的花、果实、种子、叶子、树皮、根茎等部位或整株。红树莓果花色苷类物质可作为食品着色剂，无花果种子胶可作为食品增稠剂，当归根提取物可作香辛料，罗汉果提取物可作为低热量甜味剂，竹叶提取物、迷迭香提取物可作为抗氧化剂。

消泡剂

消泡剂是为消除或抑制食品生产加工过程中产生的泡沫而添加的食品添加剂。又称抗泡剂。在食品加工过程中，搅拌、煮沸、浓缩、发酵等工艺均可产生大量的气泡，对正常生产产生很大的影响，必须及时抑制或消除。有效的消泡剂须具备以下条件：表面张力必须大于作用对象；易于分散但在作用对象中溶解度差；符合食品安全标准，具有不活泼的化学性质，无残留物或气体等。

◆ 分类

消泡剂品种繁多且性能各异。按照存在形态可分为固状、液状和糊膏状；按照化学结构和组成成分大致可分为有机硅型、聚醚型和非硅型。

常用的消泡剂有乳化硅油、聚二甲基硅氧烷、聚氧乙烯聚氧丙烯胺醚等。①乳化硅油。以甲基聚硅氧烷为主体组成的有机硅消泡剂，俗称硅油。一般为乳白色黏稠液体，几乎无臭，相对密度 0.98 ～ 1.02。化学性质稳定，不易燃烧，不挥发，溶于甲苯、汽油、四氯化碳等，不溶于水、甲醇、乙醇等，但可以分散于水中。乳化硅油为亲油性表面活性剂，表面张力小，消泡能力强，广泛应用于食品加工过程中。②聚二甲基硅氧烷。化学结构为完全甲基化的线性硅氧烷聚合物，别名二甲基硅醚、二甲基硅油。一般为无色透明黏稠液体，无臭、无味、不溶于水，溶于多数脂肪族和芳香族有机溶剂。聚二甲基硅氧烷难以单独使用，一般需与其他种类食品添加剂配合使用。③聚氧乙烯聚氧丙烯胺醚。别名含氮聚醚。一般为无色或微黄色的挥发性油状液体，溶于乙醚、乙醇、丙酮、四氯化碳、苯及其芳香族溶剂。一般聚氧乙烯聚氧丙烯胺醚以三异丙醇胺为原料，在碱性下与环氧丙烷开环聚合，再与环氧乙烷加聚，最后经过脱色、中和、压滤等过程制成。一般用于发酵工艺，特别是在味精生产中加入能达到减少生物素、提高转化率的目的。

◆ **消泡剂在食品加工中的应用**

消泡剂在糖生产中的应用

在糖的生产过程中由于搅拌、流动、输送等操作，糖液与空气混合产生大量气泡，造成糖液流失和原料损失，影响工厂经济效益，因此在制糖过程中消泡剂的使用尤为重要。特别是在煮糖过程中消泡剂能大幅降低糖浆的表面张力，加快糖晶体的沉降速率，改善其过滤性能。制糖工艺中常用的消泡剂主要有聚甘油脂肪酸酯类、蔗糖脂肪酸酯类、聚醚类和有机硅类等。

消泡剂在味精生产中的应用

味精大规模生产主要是采用微生物发酵的方法。味精的发酵过程为好气性发酵，发酵过程中产生大量气泡，抑制菌体的呼吸作用、降低菌体的产酸率，从而降低产量，因此抑制发酵过程中的气泡产生对于味精的高效率生产具有重要意义。消泡剂作为抑制泡沫最经济、最简单的方法已经得到广泛使用。用于味精生产中的消泡剂通常有植物油消泡剂、聚醚消泡剂、有机硅消泡剂等。

被膜剂

被膜剂是涂抹于食品外表形成薄膜，起保质、保鲜、上光、防止水分蒸发等作用的物质。被膜剂最早始于中国，早在公元 12 ～ 13 世纪，中国就出现了用蜡质涂抹鲜橙、柠檬以防止水分流失的方法。16 世纪，英国出现了用半固体的油涂抹于产品上以防止水分散失的方法。

果蔬采摘后仍保持旺盛的呼吸作用，消耗自身大量的糖分等营养成分，并释放二氧化碳，加速果蔬腐烂。此外，果蔬在贮藏过程中水分易挥发，失水超过 5% 时将干瘪，影响其外观品质。被膜剂涂抹于果蔬表面，可使其表面形成一层具有气调性的薄膜，有效阻塞果蔬表面气孔，降低呼吸强度，减少营养物质的损失，延长贮藏寿命，同时抑制水分蒸发。此外，被膜剂可抑制微生物入侵，在一定程度上防止腐烂变质，提高果蔬的商品价值。在巧克力、软糖等糖果生产中，表面涂膜后，不仅使糖果上光，外观美观，还可以防黏，使产品外层保持密封状态，从而保证不受外界环境（湿度等）影响。在稻米加工时，添加被膜剂不仅增加米粒的光泽度，还可增加营养含量，使味道更佳；大米在贮藏过程中容易发生品质劣变，利用被膜保鲜技术，在大米表面涂膜，可以延缓陈化；在方便米饭中，使用被膜剂可以增加米饭黏性，提升口感，并提高保水性。被膜剂的涂膜方法包括浸涂法、刷涂法和喷涂法。有些被膜剂还可用作脱模剂，即预先在模具表面涂膜，以使制品易于脱模，有助于保持制品完整的外观。此外，被膜剂与一些防腐剂、抗氧化剂等复合使用对食品的改良效果更加显著。

由于被膜剂成本低廉、操作简便、保鲜效果佳，在国内外食品加工中广泛应用，主要用于果蔬、糖果、巧克力及巧克力制品、稻米等。

中国允许使用的食品被膜剂有紫胶（虫蜡）、蜂蜡、白油（液体石蜡）、吗啉脂肪酸盐（果蜡）、松香季戊四醇酯盐、巴西棕榈蜡、聚二甲基硅氧烷和硬脂酸等。具有增稠作用的壳聚糖、普鲁兰多糖和可溶性大豆多糖也可以用作被膜剂。

面粉处理剂

面粉处理剂能促进面粉熟化和提高制品质量。新磨制的小麦粉含有胡萝卜素等色素和蛋白质分解酶，面粉呈淡黄色，且形成的生面团具有黏结性，不便于进一步加工或焙烤。因此新磨制的面粉必须放置一段时间，使其经空气中氧气的作用自然地进行一定程度的漂白和"后熟"，以改善其焙烤性能。但所需时间较长，一般为 1 ～ 2 个月，且过程中易发霉变质。添加适量的面粉处理剂可缩短面粉的漂白和"后熟"时间，改善面团的流变特性，有助于改变面团筋力和面团机械加工性能、提高面团的弹性和持气性，最终改善面制品的食用品质。

中国许可使用的面粉处理剂有 L- 半胱氨酸盐酸盐、抗坏血酸（维生素 C）、碳酸镁、碳酸钙等。溴酸钾、碘酸钾、过氧化苯甲酰和过氧化钙等已被禁用。

食品工业用加工助剂

食品工业用加工助剂是食品加工过程中使用的与食品本身无关的、保证食品加工顺利进行的物质。根据安全性的不同，可将其分为 3 类。第一类：可在各类食品加工过程中使用，残留量无须限定的加工助剂（不含酶制剂）。安全性较高，国内外在各类食品生产加工过程中普遍使用。可在各类食品生产加工过程中按生产需要适量使用。第二类：需要规定功能和使用范围的加工助剂（不含酶制剂）。应在规定范围内使用，残留量应遵守加工助剂的使用原则规定。第三类：食品加工中允许使用的酶。酶的来源和供体应符合标准规定。

除酶制剂以外，常用的食品工业用加工助剂有助滤剂、溶剂、发酵用营养物质等。①助滤剂。食品加工过程中以帮助过滤为目的的一类添加剂，通常具有澄清、吸附、脱色等作用。可促进滤除液体中的固体颗粒、悬浮物、胶体粒子和细菌等，起促进液体澄清和净化的作用。常用的助滤剂主要有活性炭、硅藻土、高岭土、凹凸棒黏土等。②溶剂。可溶解其他物质的溶媒。包括载体溶剂、提取溶剂和萃取溶剂。载体溶剂可使溶液中的溶质分散更均匀、更持久；提取溶剂和萃取溶剂则多用于物质的分离纯化。用于食品加工的溶剂须低毒、不影响食品风味，最好能在制成最终产品之前除去。食品工业中常用的溶剂有乙醇、丙二醇、丙三醇、正己烷和溶剂油等。③发酵用营养物质。供微生物生长的营养物质，主要有盐类和维生素等。

使用食品工业用加工助剂应遵守以下原则：①使用时应具有工艺必

要性，在达到预期目的前提下应尽可能降低使用量。②一般应在制成最终成品之前除去，无法完全除去的，应尽可能降低其残留量，其残留量不应对健康产生危害，不应在最终食品中发挥功能作用。③使用的加工助剂应该符合相应的质量法规要求。

国际食品法典委员会、澳大利亚、法国、美国、日本和加拿大等组织和国家对加工助剂在功能、使用范围和最大使用量（或残留量）等方面均有明确规定。中国 GB 2760-2014《食品安全国家标准 食品添加剂使用卫生标准》明确规定了食品工业用加工助剂的名单、功能和使用范围。

胶　基

胶基是赋予胶基糖果起泡、增塑、耐咀嚼等特性的物质。又称胶姆糖基础剂。

胶基糖果是一种特殊类型的糖果，是唯一经咀嚼而不吞咽的食品，包括口香糖、泡泡糖及非甜味的营养口嚼片等。胶基糖果由胶基、糖、香精及少量的甜味剂、卵磷脂、色素、水等制成，其中胶基占20%～30%。胶基必须为惰性物质，不易溶于唾液。

胶基一般以高分子胶状物质为主要原料，添加蜡类、乳化剂、软化剂、抗氧化剂、防腐剂、填充剂等物质配合制成。①高分子胶状物质。主要作用为增加胶基的塑形、弹性，有软化功能，占胶基的30%～35%。中国允许使用的天然树胶有糖胶树胶、巴拉塔树胶、茨茨棕树胶等，合成橡胶有丁苯橡胶、丁基橡胶、聚丁烯等，树脂有部分二聚松香（包括松香、木松香、妥尔松香）甘油酯、部分氢化松香（包括松香、木松香、妥尔松香）甘油酯等。随着胶基糖果的盛行，天然树胶供不应求，且天然树胶一般有低毒和异味，口感差，因此，市场上的胶基多以合成橡胶和树脂为原料。②蜡类。功能为增加胶基的可塑性，占胶基的10%～25%。可使用的蜡类包括巴西棕榈蜡、蜂蜡、聚乙烯蜡均聚物等。③乳化剂和软化剂。可使用的乳化剂和软化剂包括丙二醇，单、双甘油脂肪酸酯，甘油和果胶等。④抗氧化剂和防腐剂。允许使用的抗氧化剂和防腐剂包括丁基羟基茴香醚、二丁基羟基甲苯、没食子酸丙酯等。⑤填充剂。可适当抑制胶基糖果的弹性，也可防止胶基黏着。可使用的填充剂包括滑石粉、磷酸氢钙、碳酸钙（包括轻质和重质碳酸钙）和碳酸镁等。

聚乙酸乙烯酯

聚乙酸乙烯酯是乙酸乙烯酯（醋酸乙烯酯）的聚合物。英文缩写为PVAc。又称聚醋酸乙烯酯。

1912年德国F.克拉特和A.罗莱特首先发现聚乙酸乙烯酯。1929年德国H.普劳松用乳液聚合法首先制得聚乙酸乙烯酯乳液。1980年聚乙酸乙烯酯乳液的世界年产量（包括共聚乳液），以固体树脂计约100万吨。2023年中国用于聚合物生产的乙酸乙烯酯为260万吨，约占世界总量的40%。

◆ 性质

聚乙酸乙烯酯树脂是固体，无色透明；密度1.19克/厘米³（25℃），折射率 1.467（20℃），玻璃化温度 30～40℃，热变形温度 50℃；易溶于甲醇、酮类、酯类、芳烃、氯代烃，不溶于无水乙醇、高级醇、烷烃、环己烷、水等。在阳光下稳定，在 125℃ 以下稳定，150℃ 颜色变深，225℃ 分解，放出乙酸，生成棕色树脂状不溶物。

◆ 应用

在工业上聚乙酸乙烯酯树脂主要以乳液形式使用，为白色乳状液，略有残余的乙酸乙烯酯气味，其固体含量为 30%～60%，多数为 50%，直径为 0.2～10 微米，黏度范围很广，pH 为 4～6。优点有：黏合力强、稳定性好、抗老化性好、不污染、使用方便、价格低廉等。主要用作木材、纸、纤维、皮革等方面的胶黏剂（俗称乳胶、白胶），其中以木材方面用得最多、最普遍；由于其稳定性好、容易施工和没有臭味，大量用作内外墙涂料。作为水泥添加剂，可用于室内地板、战舰甲板等；也用于抹墙壁、防水、修补公路路面等方面。在织物加工方面主要用于硬挺加工、印染、植绒黏合等。不宜用于聚乙烯、聚丙烯等制品的黏合。由于聚乙酸乙烯酯的耐水、耐热、耐碱性等稍差，可用共聚法改性。其中，以与丙烯酸酯类共聚物产量最大，用途最广。乙酸乙烯酯－乙烯共聚物乳液适用范围广泛，性能优良，价格低廉，许多工业国都已大量生产，增长很快。

聚乙酸乙烯酯溶液或固体树脂，工业上也有使用，用溶液聚合、悬浮聚合或本体聚合制得，主要用作胶黏剂、聚乙烯醇和聚乙烯醇缩醛的原料、口香糖基料等。

食品营养强化剂

食品营养强化剂是为增强食品营养成分而加入的天然或人工合成但属于天然营养素范围的食品添加剂。食品中含有多种营养素，但种类不同，分布和含量也不相同。在食品的生产、加工和保藏过程中，营养素常遭受损失，为补充食品中营养素的不足，提高食品的营养价值，适应不同人群的需要，可添加食品营养强化剂。

食品营养强化剂的作用包括：①弥补天然食物营养缺陷，预防营养性疾病。②补充营养素中间过程流失，保持原有营养特性。③简化膳食搭配。④满足不同人群对营养素的需要。⑤可以延长食品的贮存时间，提高外在感官质量。

食品营养强化剂主要包括 4 类，包括维生素、氨基酸、矿物质和不饱和脂肪酸。①维生素。种类较多，按溶解性可分为脂溶性维生素和水溶性维生素，通常需要强化的主要是维生素 A、维生素 D、维生素 B_1、维生素 B_2、维生素 PP（烟酸）和维生素 C 等。②氨基酸。人体不能合成或合成的量不足，需要从食物中获取的必需氨基酸有 9 种，包括亮氨酸、异亮氨酸、赖氨酸、甲硫氨酸、苯丙氨酸、苏氨酸、色氨酸、缬氨酸和组氨酸。谷物中主要缺乏赖氨酸，豆类、乳类和肉类中甲硫氨酸含量较少，都是需要强化的氨基酸。③矿物质。矿物质既不能在体内合成，也不会在代谢过程中消失，但人体每天都会排出一定量的矿物质，故需从食品中补充。人体所需的矿物质种类繁多，日常饮食一般均能满足机体需要，仅有少数几种如钙、铁和碘等矿物质易不足，特别是对孕妇和乳母，以及处于生长发育期的婴幼儿和青少年，钙和铁的缺乏较为常见。此外，有人认为锌、氟、铜等也有适量强化的必要。④不饱和脂肪酸。如二十二碳六烯酸（DHA）和花生四烯酸（AA）等可促进婴儿大脑的发育，常添加到婴儿配方奶粉中。此外，营养强化剂还包括低聚果糖、酪蛋白钙肽、酪蛋白磷酸肽、乳铁蛋白、叶黄素、牛磺酸等。

营养强化剂的添加方法如下：①在食品原料中添加，如用赖氨酸和苏氨酸溶液浸泡大米，经短时速蒸，然后干燥脱水，使之成为高氨基酸大米。②在加工过程中添加，如加钙饼干、维生素 C 强化果汁、加铁酱油等，一般在加工后期添加。③在成品中添加，如碘盐即为直接在食盐表面喷洒碘酸钾而成。④运用相关物理、化学和生物手段对营养食品进行强化，以达到提高营养价值的目的。

使用食品营养强化剂时应遵循以下原则：①生产、经营和使用必须遵从国家颁发的有关标准和法规。②不能导致人群食用后营养素及其他营养物质摄入过量或不均衡，不会导致任何其他营养物质的代谢异常。③不应通过使用营养强化剂夸大强化食品中某一营养成分含量或作用而误导和欺骗消费者。④应用工艺合理，在食品加工、保存等过程中不易分解、被破坏或转变成其他物质；不影响其他营养成分和食品的色、香、味等感官性状。⑤补充的营养强化剂应容易被机体吸收利用。⑥强化剂量适当，不破坏机体营养平衡，更不致因摄食过量而中毒。

食品配料

食品配料是经过精深加工的或用量较小的农副产品以及食品添加剂。

常见的食品配料有淀粉、酵母制品、低聚糖、蛋白类、膳食纤维、香辛料和调味料、动植物提取物、蛋制品等，以及部分新资源食品来源。除食品添加剂用量有严格要求、限定外，其他食品配料用量一般较大。

食品添加剂与其他食品配料既有区别又有联系，二者差异主要表现在以下3个方面。①范围和种类。食品添加剂包含天然来源和人工合成添加剂，其他食品配料主要为天然来源。②使用目的。食品添加剂是为了改善食品品质和色、香、味，以及满足防腐、保鲜和加工工艺的需要。其他食品配料除满足食品加工需要外，部分还具有特殊功能。③安全性。许多食品添加剂为化学合成，用量受到严格限制。其他食品配料主要为天然来源食物资源，故安全性较高。

功能性食品配料主要指具有某些生理功能、保健功能，用于食品生产、加工的各种食品配料。常见功能性食品配料包括：①谷胱甘肽、降血压肽、大豆蛋白消化肽等功能性肽及功能性蛋白。②膳食纤维、低聚糖、糖醇等碳水化合物。③二十二碳六烯酸（DHA）、二十碳五烯酸（EPA）、花生四烯酸等多不饱和脂肪酸。④β-胡萝卜素、番茄红素、叶黄素、茶多酚、儿茶素、山楂黄酮、大豆异黄酮等动植物提取物。⑤γ-氨基丁酸、辅酶Q等微生物发酵制品等。除用于普通食品，功能性食品配料更多用于功能性食品生产。

学术领域和应用领域对食品配料的定义均未取得广泛一致的意见，

中国对食品配料的监管还不够明确。针对食品添加剂，GB 2760—2014《食品安全国家标准 食品添加剂使用标准》规定了食品添加剂的使用原则、允许使用的食品添加剂品种、使用范围及最大使用量或残留量。GB 7718—2011《食品安全国家标准 预包装食品标签通则》明确了"配料"的定义：在制造或加工食品时使用的，并存在（包括以改性的形式存在）于产品中的任何物质，包括食品添加剂。该标准还规定"各种植物油或精炼植物油、各种淀粉（不包括化学改性淀粉）、加入量不超过2%的各种香辛料或香辛料浸出物、胶基糖果的各种胶基物质制剂、食用香精香料等"都归为食品配料。卫计委主要负责新食品原料的安全性评估，主要依据《新食品原料安全性审查管理办法》（2013年国家卫生计生委主任第1号令）执行；而涉及保健食品（针对相关功能配料）的监管，主要由国家食品药品监督管理总局负责。

国际上有专门的组织机构致力于为各类食品企业提供相关信息。国内外相关机构专门举办食品配料展览会，如国际食品添加剂和配料展览会、亚洲食品配料展等，促进了食品配料行业交流、提供商机并推动食品配料行业发展。

食用酒精

食用酒精是以谷物、薯类、糖蜜等为原料，经粉碎、蒸煮液化、糖化、酵母液态发酵、过滤、精馏得到的酒精（乙醇）溶液，是食品工业专用的酒精。GB 31640—2016《食品安全国家标准 食用酒精》规定，食用酒精中酒精含量（体积分数）不得低于95%。在发酵过程中，会伴随生成多种副产物，如其他醇、醛类等物质，此外，生产易引入杂质。因此，GB 31640—2016《食品安全国家标准 食用酒精》还规定，食用酒精中醛（以乙醛计）不得高于 30 毫克 / 升，甲醇不得高于 150 毫克 / 升，铅（以 Pb 计）不得超过 1 毫克 / 千克，此外，以木薯为原料制备的食用酒精中氰化物（以 HCN 计）不得高于 5 毫克 / 升。食用酒精应无色透明，具有乙醇固有香气，无异嗅，纯净，微甜，无异味。食用酒精可与发酵醅、大曲酒醅、酒糟等香料进行串蒸、浸蒸，或浸串结合，或用配制法、调香法制得不同风味白酒；食用酒精也可作为保健酒、汽酒的基础酒。

工业酒精中甲醇含量可达食用酒精的 400 ～ 1000 倍，而甲醇有较大的毒性，摄入过量的甲醇对人体伤害极大，轻者伤害视网神经，严重可以致死。因此，工业酒精绝对不能作为食用酒精食用。

植物提取物

植物提取物是以植物的根、茎、叶、花或干果为原料，经一系列物理化学提取分离工艺，富集和获取植物中的某一种或多种活性成分，而不改变其有效成分结构得到的产品。

按照产品性状不同，植物提取物有浸膏、植物油、粉、晶状体等形式。有效成分多为植物的次级代谢产物，主要包括糖苷、有机酸、多酚、萜类、黄酮、生物碱、活性多糖等物质。植物提取物的活性成分还包括维生素、类胡萝卜素、微量元素、功能性脂质等。应用较多的植物提取物有大豆异黄酮、葡萄籽提取物、肉苁蓉提取物、当归提取物、薄荷油等。植物提取物的功效主要取决于其活性成分,其抗氧化、抗衰老、提高免疫力、促生长、抗菌等功能得到广泛关注。食用植物提取物在食品行业应用广泛,如植物露酒可认为是植物提取物的一种产品形式,在中国有悠久的历史。但大部分植物提取物是属于中间体产品,常用作食品、药品、烟草、化妆品的原料或辅料等。不同来源、不同种植条件的植物得到的植物提取物在活性成分的组成、含量、比例上差异较大,严重限制了植物提取物的应用研究和产业发展。

植物活性成分

植物活性成分是存在于植物体内的、具有生理和药理作用、对各种生物体具有调节作用的化合物。主要包括生物碱、黄酮类、萜类、香豆素类、木脂素类、多糖六大类物质。

◆ 生物碱

除蛋白质、肽类、氨基酸及维生素 B 外的含氮碱性有机化合物。有类似碱的性质,能与酸反应生成盐。由 C、H、O、N 元素组成,极少数含有 Cl、S 等元素。一般含有不对称碳原子,有旋光性,多为左旋。根据化学结构可分为有机胺类、吡啶衍生物类、吡咯衍生物类、莨菪烷衍生物类、喹啉衍生物类、异喹啉衍生物类、吲哚衍生物类、亚胺唑衍生物类、喹唑酮衍生物类、嘌呤衍生物类、甾体类和萜类等。一般为白色或无色固体,味苦,能溶于氯仿、丙酮、乙醇等有机溶剂,大部分不溶于水。具有镇痛镇静、止咳抗哮喘、解痉挛等作用。生物碱主要以有机酸盐的形式分布在高等植物(尤其是双子叶植物)中。食品中常见的生物碱有番茄青果生物碱、茶叶咖啡碱、荷叶总碱、莲子心生物碱、槟榔生物碱、魔芋生物碱、辣椒碱、马铃薯龙葵素、烟碱、茄碱等。

◆ 黄酮类

含有 C_6—C_3—C_6 结构（两个苯环通过中央三碳连接）的化合物的总称。苯环上常有羟基、甲氧基、甲基等取代基团。根据化学结构的不同可将其分为黄酮、黄酮醇、二氢黄酮、二氢黄酮醇、异黄酮、二氢异黄酮、查耳酮、花色素、黄烷醇、双苯吡酮、橙酮和双黄酮等。多为结晶性固体，少数为无定形粉末。一般黄酮苷元难溶或不溶于水，易溶于乙醇、氯仿、乙醚等有机溶剂及稀碱溶液；黄酮苷类化合物易溶于水、甲醇、吡啶等强极性溶剂，难溶于或不溶于乙醚、氯仿等溶剂。黄酮类化合物具有酸性，酸性强弱与羟基数目和位置有关；黄酮类分子中1-位氧原子有未共用电子对，呈弱碱性，可与强酸生成𬂷盐。黄酮类化合物具有抗氧化、抗衰老、抗疲劳、抗肿瘤、增强免疫力等作用。黄酮类化合物多以糖苷形式分布于高等植物（尤其是被子植物）和蕨类植物中。富含黄酮类化合物的食品包括大豆、茶叶、葡萄等深色水果等，其中大豆中黄酮类化合物主要为异黄酮类，茶叶中黄酮类化合物主要为黄烷醇类，葡萄等深色水果中黄酮类化合物主要为花色素类。

◆ 萜类

由两个或多个异戊二烯结构连接而成的化合物。根据分子中异戊二烯结构单元数目，可分为半萜、单萜、倍半萜、二萜、三萜、四萜和多萜。萜类化合物多有苦味，少有甜味，多有不对称碳原子，有光学活性，且多具有异构体。亲脂性较强，易溶于苯、氯仿、乙酸乙酯等有机溶剂，易溶于甲醇、乙醇、丙酮等极性溶剂，难溶或微溶于水，水溶性随分子中含氧功能基团的增加而增加。在高温、光照、酸碱条件下易发生氧化或重排引起结构变化。具有健脾胃、安神补脑、抗疟疾、治疗心绞痛和冠心病等功能。萜类是一类自然界中广泛存在的碳氢化合物，可从许多植物中得到。食品中常见的类胡萝卜素、大豆皂苷、人参皂苷、维生素A、虾青素均属于萜类化合物。

◆ **香豆素类**

具有苯并吡喃酮结构的化合物，大多数在 7- 位有羟基或醚基取代。可见光下为无色或浅黄色晶体，紫外光下显蓝色荧光，在碱溶液中荧光加强，遇浓硫酸时呈现特征性的蓝色荧光。香豆素母核上常含有羟基、烷氧基、苯基等，根据取代基与连接方式可将其分为简单香豆素、吡喃香豆素、呋喃香豆素、异香豆素和其他香豆素等。游离的香豆素难溶于冷水，能溶于沸水，易溶于乙醇、乙醚和氯仿；能溶于水、甲醇、乙醇等极性溶剂。通常具有抑菌、抗炎、降血压、预防血液凝固、扩张冠状动脉等作用。香豆素类化合物主要存在于伞形科、豆科、芸香科、茄科以及菊科等植物中。食品中常见的香豆素来源有葡萄柚（囊衣及果皮）、肉桂、柠檬（果皮）、佛手等。

◆ **木脂素类**

由苯丙素类氧化聚合而成的化合物。主要分为木脂素和新木脂素。木脂素多为无色结晶，多数具有光学活性，遇酸易异构化；新木脂素较难结晶，少数可以升华。木脂素类化合物多以游离形式存在于植物体内，能溶于苯、乙醚、乙酸乙酯等非极性溶剂，形成苷后水溶性增大。具有清热、消炎、安神补肾、抗癌等作用。多存在于植物的树脂状物质中，常见于夹竹桃科、爵床科、马兜铃科植物中。常见的木脂素类食品来源有谷类、含油的种子、水果、蔬菜等。

◆ 多糖

由 10 个以上的单糖通过糖苷键连接而成的聚合物。按单糖组成的均一性可将其分为同多糖和杂多糖。同多糖由同一种单糖连接而成，杂多糖由两种以上单糖连接而成。大部分多糖还含有糖醛酸、糖醇、氨基糖等结构单元。植物多糖一般难溶于冷水，在热水或碱液中可溶，不溶于乙醇、丙酮等有机溶剂。常见的植物活性多糖有茶多糖、枸杞多糖、魔芋甘露聚糖、银杏叶多糖、海藻多糖、香菇多糖、银耳多糖、灵芝多糖、黑木耳多糖、海带多糖、松花粉多糖、茯苓多糖等。植物多糖具有调节免疫、抗溃疡、抗氧化、抗肿瘤、抗衰老等功效。

饮料浓缩液

饮料浓缩液是以水果、蔬菜、茶叶、咖啡等为主要原料，经水提取或榨汁后加入食品添加剂，再用物理方法除去一定水分，按一定比例冲调制成可饮用的饮料浓浆。

饮料浓缩液按原料来源可分为浓缩果汁、蔬菜汁浓浆、茶浓缩液。一般采用大容量无菌铝箔袋、冷冻或冷藏大桶等包装。浓缩是饮料浓缩液加工中的重要步骤。浓缩技术主要有蒸发浓缩技术、膜浓缩技术和冷冻浓缩技术 3 种。①蒸发浓缩技术。对溶液进行加热处理，使溶剂气化，从而达到浓缩目的。是传统工业主要采用的方式，多用于对热较稳定的饮料。②膜浓缩技术。利用反渗透膜的选择性，在一定压力下使溶剂透过半透膜，从而达到浓缩效果。③冷冻浓缩技术。利用水冰固液平衡的原理，将水以结晶的方式分离出来的浓缩方式。成本较高，多用于含有热不稳定营养素的浓缩液。

与未浓缩饮料相比，饮料浓缩液质量和体积减小，故可有效降低运输等成本。

可可制品

可可制品是以可可豆为原料，经焙炒、破碎、壳仁分离、研磨、压榨等工艺制成的产品。主要包括可可液块、可可脂和可可粉。①可可液块。可可豆经焙烤、去壳分离、研磨得到的浆体，又称可可料或苦料。呈棕褐色，香气浓郁并有苦涩味，含有丰富的脂肪。贮藏时须严格控制其水分含量，贮藏温度 10℃ 为宜。长期贮藏后香气易流失，也容易吸附环境中的气味。②可可脂。从可可液块中提取得到的一类植物硬脂，又称可可白脱。熔点为 30～34℃，液态时呈琥珀色，固态时呈淡黄色。贮藏温度 5℃ 为宜。食品工业所用的优质可可脂经压榨法生产，不得采用任何化学方法精炼。③可可粉。可可液块经压榨除去部分可可脂，再经粉碎后经筛分所得的棕红色粉体。按照脂肪含量可将其分为高脂可可粉（脂肪含量 ≥ 20%）、中脂可可粉（脂肪含量 14%～20%，不包括 20%）和低脂可可粉（脂肪含量 10%～14%，不包括 14%）。天然可可粉 pH 为 5.4～5.7，多用于巧克力的生产；经碱化的可可粉 pH 为 6.8～7.2，多用于饮料的生产。

可可制品的主要用途为制作巧克力，其次为制作饮料。

馅　料

馅料是以植物的果实或块茎、畜禽肉制品、水产制品等为原料，加糖或不加糖，添加或不添加其他辅料，经加热、杀菌、包装制得的产品。

馅料按用途可将其分为用于制作糕点、面包、月饼等焙烤食品的焙烤食品用馅料，用于制作冰激凌、雪糕等冷冻产品的冷冻饮品用馅料和用于制作饺子、包子等面食的面食用馅料。按工艺可将其分为常温保存馅料和冷链保存馅料。按原料可将其分为蓉沙类（莲蓉类、豆蓉类、栗蓉类和杂蓉类）、果仁类（核桃仁、杏仁、橄榄仁等）、果蔬类（枣蓉/泥类、水果类、蔬菜类）、肉禽制品类、水产制品类和其他类馅料。馅料的原料通常包括富含不溶性膳食纤维的植物性原料或富含肌肉纤维或骨、刺的动物性原料，不溶性膳食纤维、肌肉纤维、骨、刺的软化是影响馅料口感的关键因素。馅料的熟化是制备馅料的关键步骤，主要采用蒸煮锅蒸煮实现馅料的熟化。随着消费者健康意识的增强，除了馅料的食品品质，消费者更加注重其营养性。大部分传统馅料属于高糖高油食品，随着人们对健康的重视，馅料正朝营养型即低糖、低油、天然的方向发展。

酵母制品

酵母制品是以糖类、淀粉类为原料，接种酵母后用发酵培养法生产的微生物制品。

根据应用领域可将酵母制品分为食品加工用酵母制品、富营养素酵母制品、饲用酵母及饲用酵母蛋白制品、药用酵母制品、培养基用非活性酵母制品和其他领域酵母制品。①食品加工用酵母制品。用于食品加工的酵母制品。可分为面包酵母、酒用酵母、酱油用酵母、食用非活性酵母和其他食品加工酵母。②富营养素酵母制品。能富集或代谢积累人体必需的特殊营养物质的酵母制品。包括富矿物质酵母、富微生物酵母、富谷胱甘肽酵母、富辅酶 Q10 酵母、富核酸酵母和其他富营养素酵母制品。可用作营养强化剂。③饲用酵母及饲用酵母蛋白制品。可直接用于动物养殖或添加在饲料中使用的酵母和酵母蛋白制品。包括饲用活性酵母和饲用酵母蛋白制品。④药用酵母制品。具备助消化、降血糖等医药功能的酵母制品。如硒酵母片。⑤培养基用非活性酵母制品。适用于各类微生物培养用的非活性酵母制品，如用于配置培养基的酵母浸膏。

酵母制品含有丰富的蛋白质、脂肪、糖类和 B 族维生素等。原料一般为糖类、淀粉类、酵母菌。

食品稳定剂

食品稳定剂是一类能使食品成型、保持形态、稳定质地的食品添加剂。食品稳定剂多为天然产物，主要包括胶质、糊精、糖脂等糖类衍生物。广义的食品稳定剂还包括食品凝固剂、螯合剂等，且多与其他功能的食品添加剂组成复合添加剂。

常用的食品稳定剂主要有海藻酸钠、聚丙烯酸钠、果胶、琼脂、瓜尔豆胶、黄原胶、卡拉胶、羧甲基纤维素钠等。海藻酸钠与聚丙烯酸钠常用作饮料、乳品等的增稠剂和稳定剂。果胶与琼脂常用作增稠剂、乳化剂、保鲜剂和稳定剂等，广泛用于各种饮料、果冻、冰激凌、糕点、肉制品等产品中。由乳糖和甘露糖组成的高分子水解胶体多糖类瓜尔豆胶常用作增稠剂、乳化剂和稳定剂等，在乳制品中还可起到改善口感的作用。黄原胶主要应用于焙烤食品、饮料、冷冻食品、罐头食品、乳品等。卡拉胶具有良好的溶解性、凝胶性、增稠性、协同性等，在食品工业中可用作增稠剂、凝胶剂、悬浮剂和稳定剂等。羧甲基纤维素钠易溶于水形成透明胶状溶液，不仅是良好的食品乳化稳定剂、增稠剂，还可提高产品的风味并延长贮藏时间。

果　胶

果胶是陆生植物初级细胞壁中的杂多糖。

◆ 概述

果胶是一类天然高分子化合物，存在于所有的高等植物细胞壁和细胞内层中，是植物细胞间质和细胞壁的重要成分。果胶沉积于初生细胞壁和细胞间层，在初生壁中与不同含量的纤维素、半纤维素和木质素的微纤丝以及某些伸展蛋白相互交联，使各种细胞组织结构坚硬，表现出固有的形态，是植物内部细胞的支撑物质。

天然果胶类物质以原果胶、果胶和果胶酸的形态广泛存在于植物的果实、根、茎和叶中，它们伴随纤维素而存在，构成相邻细胞中间层黏结物，使植物组织细胞紧紧黏结在一起。原果胶是不溶于水的物质，但可在酸、碱、盐等化学试剂及酶的作用下，加水分解转变成水溶性果胶。

果胶本质上是一种线形的多糖聚合物，约含有数百至一千个脱水半乳糖醛酸残基。果胶主要从柑橘类水果中提取，柚果皮富含果胶，其含量达 6% 左右，是制取果胶的理想原料。果胶可作为胶凝剂添加于食品中，特别是在果酱和果冻中。同时它也被用在甜点馅料、药品、糖果中，作为果汁和牛奶饮料中的稳定剂，也可作为膳食纤维的来源。

◆ **发现及历史**

1825 年，法国化学家、药学家 H. 布拉孔诺首次从植物中分离得到果胶，并对其加以定义。彼时人们为了从中低质量的果胶中获得良好的果胶，通常将富含果胶的水果或其提取物混合到配方中。在工业革命时期，水果生产商大量转向苹果汁的生产以获得干苹果渣，并经烹调以提取果胶。二十世纪二三十年代，在欧美的苹果汁产地大量出现了商业化地从果渣中提取果胶及从果皮中提取果胶的工厂。果胶最先以液体提取物的形式出售，但现今最常见的形式是储存和处理形式更为简易的干燥粉末。

◆ **组成及性状**

果胶的粗品为黄白色粉状物，是植物中的一种酸性多糖物质，稍带酸味，具有水溶性，工业可分离，其分子量约 5 万至 30 万。果胶溶于 20 份水中，形成黏稠的无味溶液，带负电。果胶的溶液是亲水胶体，在适当的酸度和糖浓度条件下则形成凝胶。它具有良好的胶凝化和乳化稳定作用，已广泛用于食品、医药、日化及纺织行业。果胶分果胶液、果胶粉和低甲氧基果胶三种，其中尤以果胶粉的应用最为普遍。果胶提纯物为无色或浅黄色非晶型粉末，几乎无气味，有吸湿性。

果胶最常见的结构是 α-1,4 连接的多聚半乳糖醛酸。此外，还有鼠李糖等其他单糖共同组成的果胶类物质。果胶按组成可以分为同质多糖和杂多糖两种类型。同质型多糖主要有 D- 半乳聚糖、L- 阿拉伯聚糖和 D- 半乳糖醛酸聚糖等。杂多糖果胶最为常见，是由半乳糖醛酸聚糖、半乳聚糖和阿拉伯聚糖以不同比例组成，通常称为果胶酸。不同来源的果胶，其比例也各有差异。部分甲酯化的果胶酸被称为果胶酯酸，天然果胶中约 20% ～ 60% 的羧基被酯化，分子量为 2 万～ 4 万。

◆ **生物学功能**

在植物生物学中，果胶作为一种复杂的多糖存在于大多数原生细胞壁中，在陆生植物的非木质部分中尤其丰富。果胶是细胞胞间层的主要成分，它有助于将细胞结合在一起。果胶也可在原生细胞壁中发现，可通过高尔基体产生囊泡的胞吐作用沉积到细胞壁中。果胶的量、结构和化学组成随着植物种类、同种植物的各时间段和同种植物的各部位不同而不同。果胶是一种重要的细胞壁多糖，它能促进原生细胞壁的延伸和植物的生长。在果实成熟过程中，果胶被果胶酶和果胶酯酶分解。在该过程中，当胞间层断裂并使细胞彼此分离时，果实成熟变软。

果胶是人类饮食的天然组成部分，但对营养没有明显的贡献。在人体消化过程中，果胶与胃肠道中的胆固醇结合，通过捕获碳水化合物减缓葡萄糖吸收。果胶是一种可溶性膳食纤维，且在植物 DNA 修复中具有一定的功能。果胶表面膜可以在露水中形成一层黏液层，有助于细胞的 DNA 修复。食用果胶已被证明可用于降低血液胆固醇水平，其机制可能是使肠道黏度增加，导致胆汁或食物中胆固醇的吸收降低。

◆ 应用

果胶作为安全的食品添加剂被广泛应用于食品行业，在食品上作胶凝剂、增稠剂、稳定剂、悬浮剂、乳化剂或增香增效剂，并可用于化妆品中，对保护皮肤、防止紫外线辐射、治疗创口、美容养颜等都有一定的作用。果胶作为添加剂主要分为低、高甲氧基果胶以及酰胺化果胶三类。作为一种难消化的可溶性纤维，其含量限制在 0.5% ～ 1%。传统果胶主要用于生果酱、果冻和含糖量高的产品生产，而在这些产品中，果胶保持了所需的质地，并限制了表面上的水或果汁的产生，确保果汁在产品中均匀分布。一般来说，高密度果胶主要被糖果工业使用，而中密度和低密度果胶则主要用于生产酸奶和果汁。果胶的自稠化和自稳定性质使其渐渐成为酸奶和果汁生产中必不可少的添加剂。

◆ 乳化性质

从植物来源中提取的果胶具有出众的乳化性能及乳化稳定性，因此果胶早在 1927 年便被认为是一种潜在的食品乳化剂。植物果胶以及一些其他的植物多糖还可作为乳液稳定剂，其主要通过增加连续相的黏度来稳定乳液，控制乳剂的保质期。为此，研究人员成功鉴定出一些果胶可在油 / 水界面上显示出表面活性，从而有助于在乳化过程中油滴的形成和稳定。

然而，由于大部分的日用果胶都是从植物中提取，天然果胶提取物中往往含有在植物细胞壁组织结构中与果胶紧密缠绕的伸展蛋白和结构蛋白。事实上，这些与果胶结合的蛋白有时并不被视作是杂质，而被视作天然果胶的固有内部组成部分。因此，植物来源的天然果胶的出色乳化性质是否真正来源于果胶本身尚存疑问。例如，研究人员证实，植物果胶的乳化活性（促进油滴形成的能力）实际上与它的蛋白质部分结构强相关，而乳化稳定势（限制或阻碍乳液不稳定性的能力）才是主要取决于碳水化合物部分的结构特征和构象。此外，果胶还能够促进液滴在乳状液中的形成和稳定，而这种功能则部分归因于果胶线性多聚糖结构中的乙酰基和阿魏酸酯的疏水性。

◆ **形成凝胶**

在合适的条件下，果胶多糖可形成凝胶。然而，凝胶网络形成的机制呈团依赖性，而凝胶的性质主要由果胶分子结构和凝胶的组成所决定。这意味着果胶的使用（作为乳化剂）可导致伴随网络的形成，从而改变乳液或乳状食品的某些物理性质和化学特性。果胶在乳化油的网络中通常可形成桥接掩蔽，从而降低乳液的稳定性。

食品用酸度调节剂

食品用酸度调节剂是用于维持或改变食品酸碱度的物质。又称 pH 调节剂。

食品用酸度调节剂主要是酸、碱及具有缓冲作用的盐类。中国批准使用的有富马酸、己二酸、酒石酸、磷酸、磷酸钙、磷酸三钾、柠檬酸、柠檬酸钾、柠檬酸钠、柠檬酸一钠、氢氧化钠、偏酒石酸、苹果酸、乳酸、碳酸钾、碳酸钠（包括无水碳酸钠）、碳酸氢三钠（倍半碳酸钠）、盐酸、乙酸（醋酸）等。

柠檬酸

柠檬酸是以淀粉或糖质为原料经微生物发酵制成的一种重要的有机酸。又称枸橼酸。

柠檬酸为无色晶体，常含一分子结晶水，无臭，有很强的酸味，易溶于水，其钙盐在冷水中比热水中易溶解，此性质常用来鉴定和分离柠檬酸。结晶时控制适宜的温度可获得无水柠檬酸。

◆ 生产简史

在植物如柠檬、柑橘、菠萝等果实和动物的骨骼、肌肉、血液中都含有柠檬酸。1784 年，C.W. 舍勒首先从柑橘中提取柠檬酸。发酵法制取柠檬酸始于 19 世纪末。1893 年，C. 韦默尔发现青霉（属）菌能积累柠檬酸。1913 年，E.B. 扎霍斯基报道黑曲霉能生成柠檬酸。1916 年，C. 汤姆和 J.N. 柯里以曲霉属菌进行试验，证实大多数曲霉菌如泡盛曲霉、米曲霉、温氏曲霉、绿色木霉和黑曲霉等都具有产柠檬酸的能力，而黑曲霉的产酸能力更强。1923 年，美国建造了世界上第一家以黑曲霉浅盘发酵法生产柠檬酸的工厂。随后比利时、英国、德国、苏联等相继研究成功用发酵法生产柠檬酸。1950 年前，柠檬酸采用浅盘发酵法

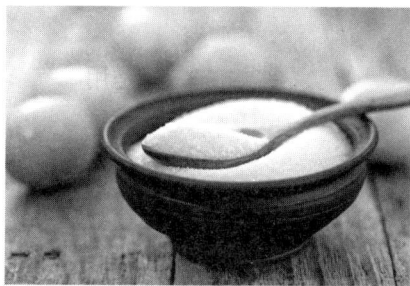

柠檬酸

生产。1952年，美国迈尔斯实验室采用深层发酵法大规模生产柠檬酸。此后，深层发酵法逐渐建立，并成为柠檬酸生产的主要方法。

中国用发酵法制取柠檬酸以1942年汤腾汉等报告为最早。1952年，陈声等开始用黑曲霉浅盘发酵法制取柠檬酸。1966年后，天津市工业微生物研究所、上海市工业微生物研究所相继开展用黑曲霉进行薯干粉原料深层发酵柠檬酸的试验研究，并获得成功，从而确定了中国柠檬酸生产的这一主要工艺路线。

随着生物技术的进步，2017年全世界柠檬酸产量已达254.4万吨。中国2016年产量约116万吨。在柠檬酸发酵技术领域，由于高产菌株的应用和新技术的不断开拓，柠檬酸原料结构、发酵和提取收率都有明显改变和提高。

◆ 生产过程

柠檬酸生产分发酵和提取两部分。

柠檬酸的发酵因菌种、工艺、原料而异，但在发酵过程中还需掌握一定的温度、通风量及pH等条件。一般认为，黑曲霉适合在28～30℃时产酸。温度过高会导致菌体大量繁殖，糖被大量消耗以致产酸降低，同时还生成较多的草酸和葡萄糖酸；温度过低则发酵时间延长。微生物生成柠檬酸要求低pH，最适pH为2～4，这不仅有利于生成柠檬酸，减少草酸等杂酸的形成，同时可避免杂菌的污染。

在柠檬酸发酵液中，除主要产物外，还含有其他代谢产物和一些杂质，如草酸、葡萄糖酸、蛋白质、胶体物质等，成分十分复杂，必须通过物理和化学方法将柠檬酸提取出来。大多数工厂仍采用碳酸钙中和及硫酸酸解的工艺提取柠檬酸。此外，还研究成功树脂吸附离子交换法提取柠檬酸。

◆ **应用**

柠檬酸的用途十分广泛。柠檬酸产量的 70% 用作食品加工的调味剂。一分子结晶水柠檬酸主要用作清凉饮料、果汁、果酱、水果糖和罐头等的酸性调味剂，也可用作食用油的抗氧化剂。无水柠檬酸大量用于固体饮料。柠檬酸的盐类如柠檬酸钙和柠檬酸铁是某些需要添加钙离子和铁离子的食品的强化剂。柠檬酸的酯类，如柠檬酸三乙酯可作无毒增塑剂，制造食品包装用塑料薄膜。可通过释放氢离子，降低食品的 pH，有抑制微生物的作用，可增强杀菌效果。与金属离子的螯合能力较强，可用作金属螯合剂。可用作色素稳定剂，防止果蔬褐变。可增强抗氧化剂的抗氧化作用，延缓油脂酸败。与蔗糖并用，加热时可促使蔗糖转化，既可防止食品中蔗糖析晶、返砂，又易使食品吸湿。但柠檬酸与防腐剂山梨酸钾、苯甲酸钠等溶液同时添加，会形成难溶于水的山梨酸—苯甲酸结晶而降低防腐效果，必要时可分别先后添加。

苹果酸

苹果酸学名羟基丁二酸，分子式 $C_4H_6O_5$。广泛存在于未成熟的水果如苹果、葡萄、樱桃、菠萝、番茄中。

苹果酸分子中含有一个手性碳原子，有两种对映异构体，即左旋苹果酸和右旋苹果酸。

天然存在的为左旋苹果酸，为无色结晶；熔点 100℃，加热至

140℃左右即分解成丁烯二酸；溶于水、乙醇、丙酮中。苹果酸含有羧基和羟基，具有这两种官能团的性质，例如与醇作用形成单酯或双酯。苹果酸不能形成酸酐，而易形成环状交酯。

由反丁烯二酸钙经延胡索酶发酵水合，首先生成左旋苹果酸钙，酸化后得左旋苹果酸。若将丁烯二酸经高温高压催化加水，可生成外消旋苹果酸。右旋苹果酸可由外消旋体拆分制得。

苹果酸无毒，广泛用于食品工业，如制造饮料。苹果酸钠是无盐饮食的调味品。苹果酸酯可作人造奶油和其他食用油脂的添加剂。苹果酸也是制造醇酸树脂的重要单体。

酒石酸

酒石酸氢钾存在于葡萄汁内，此盐难溶于水和乙醇，在葡萄汁酿酒过程中沉淀析出，称为酒石，酒石酸的名称由此而来。酒石酸主要以钾盐的形式存在于多种植物和果实中，也有少量是以游离态存在的。

酒石酸分子中含有两个（相同的）手性碳原子，存在右旋酒石酸、左旋酒石酸和内消旋酒石酸3种立体异构体。右旋酒石酸存在于多种果汁中，工业上常用葡萄糖发酵来制取。左旋酒石酸可由外消旋体拆分获得，也存在于马里的羊蹄甲的果实和树叶中。外消旋体可由右旋酒石酸经强碱或强酸处理制得，也可通过化学合成，例如由反丁烯二酸用高锰酸钾氧化制得。自然界中不存在内消旋体，它可由顺丁烯二酸用高锰酸钾氧化制得。

酒石酸与柠檬酸类似，可用于食品工业，如制造饮料。酒石酸和单宁合用，可作为酸性染料的媒染剂。酒石酸能与多种金属离子络合，可作金属表面的清洗剂和抛光剂。

酒石酸钾钠又称为罗谢尔盐，可配制费林试剂，还可作医药上的缓泻剂和利尿剂。酒石酸钾钠晶体具有压电性质，可用于电子工业。酒石酸锑钾为呕吐剂，又称吐酒石，并可治疗日本血吸虫病。

乳 酸

乳酸存在于酸牛奶和血液中，肌肉运动时也生成乳酸。

乳酸是一个最有代表性的光活性化合物，它含有一个手性碳原子，存在两种对映异构体，右旋乳酸和左旋乳酸。乳酸吸湿性强，一般呈浆状液体，若经减压蒸馏和分步结晶，可得纯晶体。相对密度 1.2060（21/4℃）。右旋体和左旋体的熔点都是 53℃，外消旋体的熔点为 16.9℃。

左旋乳酸可由葡萄糖经乳酸杆菌发酵产生，乳酸的外消旋体可由酸牛奶中取得或合成制得。

乳酸不挥发、无气味，广泛用作食品工业的酸性调味剂。它的酸性较强，医药上用作防腐剂，还可作皮革生产中的除钙剂。乳酸钙是医药上的补钙剂。乳酸酯是硝化纤维的溶剂。

第 3 章

食品非法添加物

食品非法添加物是不属于传统上被认为是食品原料的、未被批准作为新食品原料使用的、未被公布的食药两用或作为普通食品管理的、未列入《食品安全国家标准食品添加剂使用卫生标准》和《食品安全国家标准食品营养强化剂使用卫生标准》及其增补公告，以及未被其他法律法规允许添加在食品中的物质。

非法添加是食品掺假的主要形式。一些不法分子在经济利益驱动下，在食品生产、流通、餐饮过程中添加工业染料（苏丹红、玫瑰红 B 等），富氮化合物（三聚氰胺等），吊白块或甲醛，废弃物回收油脂，皮革水解物，杀虫剂，抗菌药物，荧光增白剂，罂粟及罂粟壳，硼酸与硼砂，非食品级物质，在种、养殖及屠宰环节禁止使用的农药、兽药等食品非法添加物，以达到增重、着色、增白、防腐、抗菌、增产、增筋、增加口感、改善外观、降低成本、提高检测指标等作用。

《中华人民共和国刑法》和《最高人民法院、最高人民检察院关于办理危害食品安全刑事案件适用法律若干问题的解释》中均明确规定了对于食品中添加有毒、有害非食用物质的行为应予以严厉制裁。根据中国最高人民法院、最高人民检察院的解释，为有针对性地打击在食品生产经营过程中蓄意违法添加非食用物质的行为，2014 年中国国家卫生计生委办公厅发布《食品中可能违法添加的非食用物质名单》（征求意见稿），对中国卫生部（今国家卫生健康委员会）2008 年公告的 6 批《食品中可能违法添加的非食用物质和易滥用的食品添加剂名单》进行了清理、整合。中国已经建立较为完备的食品中非食用物质的检测方法体系，除工业用及非食品级物质外，绝大部分非食用物质已配套相应检测方法。

孔雀石绿

孔雀石绿是人工合成的三苯基甲烷类工业染料。因其晶体呈孔雀绿色而得名。分子式为 $C_{23}H_{25}N_2Cl$，相对分子量为 364.92，孔雀石绿多以草酸盐、盐酸盐的形式存在。

孔雀石绿曾被广泛用于制陶业、纺织业及皮革业中。自 20 世纪 30 年代，孔雀石绿被证实具有杀灭鱼体寄生虫、防治水霉病等药效后，被许多国家广泛用于水产养殖业。但 90 年代起陆续有学者发现，孔雀石绿具有中等急性毒性及"三致"（致癌、致畸、致突变）等慢性毒性，在鱼体及环境中残留时间长，且能在生物体内还原代谢成残留时间更长的脂溶性物质——隐性孔雀石绿。因此，美国、加拿大、欧盟、日本等国家和地区相继将孔雀石绿列为水产养殖禁用药物。中国农业部（今农业农村部）于 2002 年将其列入《食品动物禁用的兽药及其它化合物清单》。卫生部（今国家卫生和计划生育委员会）在2010年3月公布的《食品中可能违法添加的非食用物质和易滥用的食品添加剂名单（第四批）》中，明确禁止将孔雀石绿以抗感染为目的用于鱼类的养殖、流通等环节中。

但由于孔雀石绿抗菌效果好、价格低廉，且尚未寻找到有效的替代物，一些水产养殖者在养殖、运输及贮存中仍有非法使用孔雀石绿的行为存在。

吊白块

吊白块又称雕白粉。化学名称甲醛次硫酸氢钠。常以二水合物形式存在，分子式 CH_3NaO_3S（无水），CH_7NaO_5S（二水），相对分子质量118.10（无水）、154.14（二水）。白色块状或粉末，易溶于水，不溶于醚和苯，常温下较稳定，高温及酸性条件下分解产生甲醛和二氧化硫等有害物质，具有强还原性，有漂白作用。主要用作橡胶工业活化剂、印染工业拔染剂和还原剂、日用工业漂白剂等。

小鼠经口 LD_{50} 值（半数致死量）为4克/千克体重，大鼠经口 LD_{50} 值大于2克/千克体重。急性暴露可产生过敏、头晕、肠道刺激等症状，严重者可导致肾脏、肝脏损伤。吊白块的毒性与其分解时产生的甲醛密切相关。2012年，国际癌症研究机构（IARC）将甲醛列为一类致癌物，即对人体有明确致癌性。吊白块为非食用物质，美国FDA规定其仅可以有条件地用作食品包装、运输、存放材料中的胶黏剂。但一些不法商贩在经济利益的驱使下将其违法添加在腐竹、粉丝、面粉、竹笋等食品中，以达到改善感官性状、漂白、防腐等作用，严重威胁消费者健康。

2008 年，中国打击违法添加非食用物质和滥用食品添加剂专项整治领导小组将吊白块列入《食品中可能违法添加的非食用物质和易滥用的食品添加剂品种名单（第一批）》，严格禁止将其添加到食品中。食品中的吊白块可通过高效液相色谱法、离子色谱法等进行检测。

硝基呋喃

硝基呋喃是一类人工合成的具有 5- 硝基呋喃基本结构的广谱抗菌药。

常见的硝基呋喃药物主要包括呋喃妥因、呋喃唑酮、呋喃它酮和呋喃西林。

硝基呋喃对大多数革兰氏阳性菌和革兰氏阴性菌均有抗菌作用，曾被广泛用于畜禽和水产养殖。

硝基呋喃类药物在动物体内代谢极快，半衰期仅为数小时。这些代谢物在体内可与蛋白质结合，形成稳定残留物，家庭常用烹饪方法如蒸煮、烘烤、微波加热等都不能将其有效降解，故通常以其代谢物作为考察硝基呋喃类药物残留状况的标示物。

研究表明，硝基呋喃类药物及其代谢物均可使实验动物发生癌变和基因突变。欧盟、美国制定相应法规禁止硝基呋喃类药物在食用动物中的使用。2002 年，中国农业部（今农业农村部）193 号公告《食品动物禁用的兽药及其它化合物清单》明令禁止包括呋喃唑酮、呋喃它酮、呋喃苯烯酸钠在内的硝基呋喃类药物用于所有食用动物。卫生部（今国家卫生和计划生育委员会）在 2010 年 3 月公布的《食品中可能违法添加的非食用物质和易滥用的食品添加剂名单（第四批）》中，明确禁止将呋喃唑酮、呋喃它酮、呋喃西林、呋喃妥因以抗感染为目的用于猪、禽、动物性水产品的养殖。

克伦特罗

克伦特罗是一种人工合成的肾上腺素 β2- 受体激动剂。又称克喘素、氨哮素。

分子式为 $C_{12}H_{18}Cl_2N_2O$，相对分子量为 277.19。

1990 年，西班牙最早发现了克伦特罗引起的食物中毒事件，135 人因食用含克伦特罗药物残留的牛肝，造成集体中毒。此后法国、意大利、中国等陆续出现类似的克伦特罗中毒事件。

克伦特罗对支气管、子宫和血管平滑肌有较高的选择性激动作用，能扩张支气管、抑制子宫收缩，临床上多用于治疗人和动物的支气管哮喘、平滑肌痉挛、阻塞性肺炎以及早产等。当用药量超过推荐治疗剂量的 5 ~ 10 倍时，克伦特罗能降低胴体脂肪沉积，提高瘦肉率，同时能增加肌肉合成、促进家畜生长，故俗称为"瘦肉精"，被一些饲料生产商和家畜养殖者非法使用在家畜的生产养殖中。动物源性食品中的克伦特罗残留，可通过食物链危害消费者健康，使中毒患者出现肌肉震颤、心动过速、心律失常、恶心眩晕等中毒症状。

联合国粮农组织和世界卫生组织食品添加剂专家联合委员会（JECFA）对克伦特罗的安全问题进行了风险评估，规定克伦特罗的每日允许摄入量（ADI）为 0 ～ 0.004 微克 / 千克体重，牛、马的肌肉 / 脂肪、肝 / 肾和牛奶中的最大残留限量（MRL）分别为 0.2 微克 / 千克、0.6 微克 / 千克和 0.05 微克 / 升。

玫瑰红 B

玫瑰红 B 又称罗丹明 B 或碱性玫瑰精。

分子式 $C_{28}H_{31}ClN_2O_3$，相对分子质量 479.02。绿色晶体或红紫色粉末，易溶于水、乙醇，可溶于苯，微溶于盐酸、氢氧化钠溶液。

玫瑰红 B 是一种化学合成的工业染料，具有荧光特性，可用于造纸、纺织、化妆品、有色玻璃、烟花爆竹等行业；可用作示踪染料，明确水流方向及流速；也常用于实验室中生物样本染色，荧光分析方法等。

玫瑰红 B 在体内可通过酶的作用发生脱乙基反应，急性暴露可能会导致短暂的黏膜和皮肤刺激。国际癌症研究机构（IARC）基于体外和动物实验的研究结果，将玫瑰红 B 归为三类致癌物，即动物致癌物，尚未证明对人体具有致癌性。玫瑰红 B 为非食用物质，但由于其价格低廉、色泽鲜艳、不易褪色，一些不法分子在经济利益驱动下，将其非法添加到食品中，以改善其外观，威胁消费者健康。

中国在食品安全监管中曾发现非法添加玫瑰红 B 的辣椒、豆瓣酱、红油、火锅底料等产品。2008 年，全国打击违法添加非食用物质和滥用食品添加剂专项整治领导小组将玫瑰红 B 列入《食品中可能违法添加的非食用物质和易滥用的食品添加剂品种名单（第一批）》，严格禁止其用于食品生产。食品中的玫瑰红 B 可通过高效液相色谱法、液相色谱 – 质谱 / 质谱法等进行检测。

三聚氰胺

三聚氰胺俗称密胺、蛋白精。

化学名 2,4,6- 三氨基 -1,3,5- 三嗪，分子式 $C_3H_6N_6$，相对分子质量 126.12。白色晶体，几乎无味，常温下稳定，微溶于冷水，溶于热水。

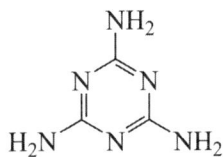

三聚氰胺结构式

三聚氰胺是一种重要的化工原料，主要用途是合成三聚氰胺甲醛树脂，用于生产层压板、塑料、涂料、黏合剂及餐厨具等。三聚氰胺属于低毒物质，半数致死量（LD_{50}）大于 3 克 / 千克体重。摄入后主要以原形通过尿液排出，摄入量较高时可从尿液中析出，导致泌尿系统结石。三聚氰胺为非食用物质，人类可通过环境、食品包装材料迁移等多种途径暴露低含量的三聚氰胺。三聚氰胺含氮量高达

66.7%，一些不法分子在经济利益驱动下，将其非法添加到食品或饲料中，以提高蛋白质含量测定值。

2007 年美国报道了由食用三聚氰胺污染的宠物食品而导致宠物肾衰竭及死亡的案例。2008 年中国暴发婴幼儿奶粉三聚氰胺事件，截至 2008 年 12 月底，全国累计免费筛查 2240.1 万人，累计报告患儿 29.6 万人，住院治疗 52898 人，已治愈出院 52582 人。世界卫生组织对三聚氰胺的毒性及健康效应进行了评估，确定成人及婴幼儿的每日耐受摄入量（TDI）为 0.2 毫克 / 千克体重。2008 年 10 月，中国制定了食品中三聚氰胺临时管理限量值。婴幼儿配方乳粉中三聚氰胺限量为 1 毫克 / 千克，液态奶（包括原料乳）、奶粉和其他配方乳粉的限量为 2.5 毫克 / 千克，含乳 15% 以上的其他食品限量为 2.5 毫克 / 千克。2011 年，中国正式制定食品中的三聚氰胺限量值，2008 年关于乳与乳制品中三聚氰胺临时管理限量值规定同时废止。中国婴幼儿配方食品中三聚氰胺的限量值为 1 毫克 / 千克，其他食品中三聚氰胺的限量值为 2.5 毫克 / 千克，高于上述限量的食品一律不得销售。国际食品法典委员会提出了婴幼儿配方乳粉中三聚氰胺限量为 1 毫克 / 千克，液态婴幼儿配方奶中三聚氰胺限量为 0.15 毫克 / 千克，其他食品和饲料中三聚氰胺限量为 2.5 毫克 / 千克。

世界卫生组织强调三聚氰胺限量标准是指食品或饲料中自然的或不可避免的污染，非人为添加。任何为了商业利益而故意添加的行为都是不可接受的。食品中三聚氰胺可通过高效液相色谱法、液相色谱 - 质谱 / 质谱法、气相色谱 - 质谱法等进行检测。

莱克多巴胺

莱克多巴胺是一种人工合成的肾上腺素 β- 受体激动剂。又称雷托巴胺。

作为克伦特罗替代品研发，被称为第二代瘦肉精。分子式为 $C_{18}H_{23}NO_3$，相对分子量为 301.38。商业化的莱克多巴胺是 4 种可能的立体异构体混合物。

莱克多巴胺在临床上同克伦特罗，起扩张支气管、抑制子宫收缩等作用，可用于治疗支气管哮喘、支气管痉挛等症，但其毒性远低于克伦特罗且能快速代谢排出体外，对机体伤害小。摄入过量的莱克多巴胺时，同样会引起肌肉震颤、心动过速、恶心眩晕等中毒症状，严重时危及生命。

莱克多巴胺也因能显著提高动物胴体的瘦肉率、降低体内脂肪沉积率，被大量使用在家畜的生产养殖中。联合国粮农组织和世界卫生组织食品添加剂专家联合委员会（JECFA）规定莱克多巴胺的每日允许摄入量（ADI）为 0 ～ 1 微克 / 千克体重。据此，国际食品法典委员会（CAC）规定莱克多巴胺在猪和牛中的最高残留量（MRL）为：肌肉 10 微克 / 千克、脂肪 10 微克 / 千克、肝脏 40 微克 / 千克、肾脏 90 微克 / 千克。各国对于莱克多巴胺禁限用的规定不尽相同。在美国、加拿大、墨西哥等国，莱克多巴胺可作为促生长剂被允许用于畜禽养殖中，而欧盟、中国、俄罗斯等绝大多数国家和地区则禁止使用莱克多巴胺。中国农业部（今农业农村部）于 2002 年发布 176 号公告《禁止在饲料和动物饮用水中使用的药物品种目录》，明确将莱克多巴胺列为动物养殖的禁用药物；中国工业和信息化部等六部委发布的联合公告显示，自 2011 年 12 月 5 日起禁止在中国境内生产和销售莱克多巴胺。

苏丹红

苏丹红包括苏丹红Ⅰ、苏丹红Ⅱ、苏丹红Ⅲ、苏丹红Ⅳ等。苏丹红Ⅰ，化学名 1- 苯基偶氮 -2- 萘酚，分子式 $C_{16}H_{12}N_2O$，相对分子质量 248.28；苏丹红Ⅱ，化学名 1-[(2,4- 二甲基苯) 偶氮]-2- 萘酚，分子式 $C_{18}H_{16}N_2O$，相对分子质量 276.33；苏丹红Ⅲ，化学名 1-{[4-(苯基偶氮) 苯基] 偶氮 }-2- 萘酚，分子式 $C_{22}H_{16}N_4O$，相对分子质量 352.39；苏丹红Ⅳ，化学名 1-{{2- 甲基 -4-[(2- 甲基苯) 偶氮] 苯基 } 偶氮 }-2- 萘酚，分子式 $C_{24}H_{20}N_4O$，相对分子质量 380.44。不溶于水，易溶于油脂、丙酮和苯等非极性溶剂。

苏丹红是人工合成的工业染料，主要用于塑料、油、蜡等的染色，以及鞋、地板等的增光，在科研领域可用于生物样本的染色。为非食用物质，全球大多数国家禁止其用于食品染色。

苏丹红在体内主要通过胃肠道微生物还原酶、肝及肝外组织微粒体和细胞质的还原酶作用，代谢为相应的胺类物质，与苏丹红的致突变性和致癌性密切相关。国际癌症研究机构（IARC）基于体外和动物试验的研究结果，将苏丹红Ⅰ、Ⅱ、Ⅲ、Ⅳ归为三级致癌物，即动物致癌物，尚未证明对人体具有致癌性。欧盟于 1995 年颁布法规禁止在任何食品中添加苏丹红Ⅰ，2004 年又将禁用范围扩大至苏丹红Ⅱ、Ⅲ、Ⅳ。中国于 1996 年颁布国家标准禁止将苏丹红作为食品添加剂使用。苏丹红染色鲜艳且不易褪色，一些不法分子在经济利益驱动下，将其添加到食品中，以改善外观新鲜度。2002 年，英国报道从印度进口的红辣椒粉中含有苏丹红 I。2003 年，法国通过食品和饲料快速预警系统发布从印度进口的辣椒制品中含有苏丹红 I。2005 年，英国食品标准局（FSA）检出含有苏丹红的 400 余种食品并向消费者发出警告。中国在监管中也相继发现了非法添加苏丹红的辣椒粉、辣椒油、红豆腐、红心禽蛋等食品。2005 年，中国开展的食品中苏丹红危险性评估结果显示，偶然摄入含有少量苏丹红的食品，致癌的危险性不大，但如果经常摄入含有较高剂量苏丹红的食品会增加其致癌的危险性。食品中苏丹红可通过高效液相色谱法、液相色谱－质谱法等进行检测。

本书编著者名单

编著者 （按姓氏笔画排列）

万　婕	王　东	王　辉	王慧梅	邓泽元
包永明	成　波	刘元法	刘成梅	刘志皋
刘秀梅	许恒毅	阮　征	纪罗军	严宣申
李红艳	杨玉梅	杨安树	吴宇恩	吴志华
何庆华	邹立强	闵元增	宋　雁	张　涛
张俭波	张惟杰	陈　兴	陈　军	陈　奕
陈红兵	周　爽	庞晓斯	孟祥河	赵云峰
胡秀婷	胡晓波	胡蒋宁	钟俊桢	贺晓鹏
聂少平	徐　亮	徐丙根	殷军艺	高　洁
黄　宪	黄丹菲	黄致喜	蒋重光	谢建华
赖卫华	樊春梅			